科普大师趣味科学系列

FUNNY

S C I E N C E

世界

科普大师

写给孩子的

趣味自然

U0311936

●主　编／邢　涛
●分册主编／龚　勋

 浙江教育出版社·杭州

世界科普大师
送给孩子的自然经典!

在文学的百花园里,科普文学可谓一枝独秀,它运用形象生动的文学语言讲述科学知识,使科学知识变得活泼有趣,易于被大众接受。当然,这要归功于科普作家手中的生花妙笔。在这个领域,涌现了很多大师级的人物,比如布封、法布尔、伊林等,他们的科普作品在全世界深受好评。为了让青少年读者领略这些大师的风采,我们精心遴选了他们创作的优秀科普作品,编撰了此书。

翻开本书,追随科普大师的脚步,你会发现一个不一样的世界:气候的奥秘、森林中的秘密、各种动物的生活习性,这些内容无不生动有趣、引人入胜。在不知不觉中,你就走进了知识的殿堂,不仅了解、认识了自然,还能受到文学的熏陶。

我们衷心希望你在阅读本书的过程中,能轻松地获取科学知识,欣赏文学之美,得到更多乐趣!

目录

CONTENTS

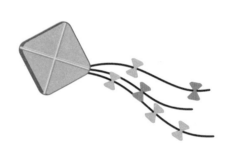

站在科学家的肩膀上，让你飞得更高！

［苏联］米·伊林

云雾与雨水

米·伊林，苏联著名科普作家。他一生创作了很多科普作品，比如《十万个为什么》《大自然的文字》《人和山》《喜怒无常的天气》《征服大自然》等，在苏联科普文学领域做出了卓越的贡献，而且在很大程度上影响了中国科普事业的发展。他的作品文笔流畅，知识性与趣味性都很强，其中，《大自然的文字》被收入了苏教版小学教材。

天气是个很好的话题。人们在一块儿没有别的话题可聊的时候，往往会转而聊聊天气。"今天的天气真是好极了！""今天的天气真是糟糕透顶！"比邻而居的人们见面时，会就天气发表一番言论，要么是赞美之词，要么是咒骂之语。而当客人们准备起身告别主人时，他们也经常会谈论一下天气情况。

当你在温暖舒适的家里，或者是在其他任何没有安全隐患的环境中时，谈论天

气顶多会让你记得带上一把雨伞出门。但是，如果你正坐在联合收割机里，在田间劳碌，或者正乘着小船，在距离海岸线几千米的海面上航行，或者正坐在飞机上穿过一片茫茫大雾，谈论天气这个话题就不是一件轻松的事情了。因为这些时候，天气的好坏往往决定着人们的命运。

天气确实能操控人们的命运。假设你现在正和一群船员在一艘船上航行，忽然，轮船驶入了一片浓雾之中。你的眼前一片灰暗，什么都看不清。这时，你随身携带的望远镜派不上用场，你的双眼也发挥不了功用，而轮船则只能在摸索中小心翼翼地慢速前行。谁都无法预料前面会出现什么危险。有雾的时候，即便非常小心，轮船也还是免不了会撞上别的船只，或者是礁石之类的东西。

碰到大雾，轮船和飞机往往选择停滞不前。虽然前方没有水雷，也没有炸弹，可是有雾。雾由很多悬挂于空气中的细小水珠组成。如果你不幸在旅行途中遇到了大雾，这是很致命的，意味着你乘坐的轮船、飞机或列车有迷航的危险。

雾给我们的生活带来了诸多不便，雨也一样。

雾由空中细小的水珠组成，而雨则由一些大水珠组成，当小水珠聚集起来时，就会变成大水珠。有时，一连很多天，雨会下个不停。雨水落到农民堆在田间的谷物上，使得谷物膨胀，腐烂坏掉。如果雨乐意，还会连续向田地发动攻击——一支支由水珠组成的军队不知疲倦地肆意践踏田地。对此，人类束手无策，只能在心里默默祈祷，希望雨快点停……

雨水真是让我们既爱又恨。如果它频繁造访，会给我们的生活造成困扰，但如果它长时间不来拜访，又会使很多事情变得很糟糕。有时连续好几个月，天上都不见滴下一滴雨。有时卡查赫斯坦、伏尔加河左岸等地区整个夏天都不见降雨。干旱让人们暂时忘却了雨水曾经惹出的祸端，人们会寻思：那些曾经日夜不停地侵扰我们的雨水都去哪里了呢？

其实，雨水一直都存在着，只是有时它们隐藏在空气里，和我们玩起了捉迷藏的游戏。即便是天干地燥的时候，它们也未曾离开。而且，以这种形式藏起来的水还是很多的，如果它们全部化为雨滴，那么每公顷土地上就会得到一两百吨雨水。

人们祈盼天降雨水时，就会仰望天空。一般情况下，如果有云，很快就能降雨了，因为云是水汽上升遇冷凝聚成的微小水珠。有时，空中还会出现乌云，而且，那些云看起来很重，好像有几千吨的样子。可是，当人们满心欢喜地准备迎接雨水的来临时，那些云又悄悄地飘散了。一切又都重归于平静，好像什么都没有发生过一样。而当人们不需要雨水时，它却下个不停。难道对于空气中的这些水，我们就没有一点办法了吗？

为了控制空气中的水，让它更好地为我们服务，首先需要侦察一下那些水在哪里、有多少，以及距离地面有多高。为此，科学家派出了"侦察兵"，即将测量仪器装在盒子里、系在氢气球或者风筝上，还得把它们和一个无线电发报机连在一起，然后将它们一并送上天。这个带有翅膀的气象台，即是人们所说的"无线电探测器"。地面上，气象工作者戴着耳机准备记录它们所侦察到的信息。就这样，这些侦察员在空中越飞越高，并将自己在途中的所见所闻通过无线电——精确地回传给科学家。

这些带有翅膀的气象台在高空完成任务后，就会降落下来。不过，要想找回这些侦察员并不容易。如果它们落在有人居住的地方，那还好说，可是有时候，它们偏偏降落到了沼泽地带或者原始丛林，甚至还有可能摔得支离破碎……

这些侦察员究竟向科学家汇报了什么讯息呢？它们说，有大量的水主要集中在距离地面1.5~2千米的大气层中。显然，如果这些水全部聚集成云朵、凝结成雨滴降落下来，那将会是一场可以持续很长时间的降雨。

［法国］法布尔

法布尔，法国著名科普作家。他热爱自然科学，终生致力于昆虫研究，著有十卷本的巨著《昆虫记》。这部作品不但展现了法布尔在科学研究方面的才能，而且展现了他非凡的文学才华，他也因此誉满全球，被称为"昆虫界的荷马""昆虫界的维吉尔"。现今，《昆虫记》已被译成多种文字出版。

雷的秘密最早是由本杰明·富兰克林发现的。1752年，在一个暴风雨之日，本杰明·富兰克林带着儿子来到了距离费城不远的郊外。他儿子的手中攥着一只纸风筝。风筝的四个角上各系着一根尖铁丝，每根尖铁丝下面拖着一把金属钥匙，一直向下拖到阻电的机关处。纸风筝迎风而上，一直朝着乌云飞去。刚开始的时候，一切正常，突然，天空中雷声轰轰，很快就下起了雨。风筝线由于潮湿而使得电自由流动起来。原来雷的秘密就是电！看到这里，富兰克林激动不已，他不顾危险地奔跑过去，伸出手指，顿时出现了一阵绚丽的火花，那股猛烈劲儿甚至可以使一壶烈酒燃烧。至此，雷的真相终于大白于世。

其实，之所以会打雷，是因为当两团不同的带电的云层相互靠近时，其中性质相反的电荷由于相互吸引而跑出来相会。这时往往会喷发一阵火焰，同时发出几声隆隆的巨响，闪过一道强烈的光线。那道强烈的光线就是闪电，而火焰喷发的巨响就是雷响。对此，人们常常会感到恐惧，进而闭上眼睛，捂上耳朵，以为这样就会安全一些。

然而，如果真的想认清雷电的真面目，打雷的时候就不要恐惧，而是要仔细观察乌云，因为那里是酝酿暴风雨的地方。这样，你就能看见耀眼的光线，有的时候是一条光线，有的时候在主干上还会分出许多条弯弯曲曲的光线。这种光线非常亮，即使是在火炉中烧到白热化了的金属都没有它的亮度高，自然界中也只有太阳光的亮度能够与之相比。暴风雨来临时，天空中电闪雷鸣，那种景象真是壮观！大自然的神奇，由此可见一斑。所以，当天空中火光发射，雷声隆隆，狂风怒吼，大雨瓢泼时，不必害怕，更不要闭上眼睛，而是要虔诚地看待大自然的这项伟大而神圣的工作。因为雷声虽然可怕，但却很少惹祸，它为自然界带来的是"生"而不是"死"。它可以将弥漫在空气中的污秽之气一扫而空，使大自然变得清净。我们都知道，如果长期处于污浊的空气中，就会给生命带来危险，所以我们需要时不时地燃烧稻草和纸扎的火把，以保持室内空气的洁净。雷的作用就是这个原理。每一声把你们吓得胆战心惊的雷声，都预示着一项清洁工程。可以说，雷是大自然中充满了神秘色彩的一位清洁工。每次暴风雨过后，空气就会变得很清新。这时，我们的胸中也像是溢满了洁净的空气，清爽无比。所以，以后天空中再打雷时，就别畏惧了，你们可以动脑筋想一想大自然到底是用了什么办法驱使雷电前来打扫卫生的。

正如上面所说，雷是为了人类的幸福而工作的，但同时，它和很多事物一样，也会给人类惹出一些祸端。那么，雷都会带来哪些影响呢？下面我们就来具体分析一下吧。

如果物体不能让电流自由通过，雷就会将之毁灭。比如，雷可以将岩石击得粉

碎，使石屑飞到很远的地方；能掀翻房顶；能将树木从中间劈开，将之击为碎片；还能击倒墙垣，甚至连其底部的基石也能一并击翻。当雷钻进地下时，能将泥沙炸得满天飞。如果物体能让电流自由通过铁链、铁丝等金属物，它们会被烧得通红，然后熔化，甚至蒸发。因为金属能让电流直接通过，雷最先接触的便是它。

微弱的电火星，只能在身体上引起轻微的感觉，也就是说，当身体触碰到它的时候，人只是感到轻微的刺痛。但经由机器和科学方法制造出来的电就具有致命的危险，当人被这种强电击中时，往往会出现全身抖动、腿膝酸软的症状，其中关节部位会感到尤其疼痛。即便如此，这种电的强度还是比不上雷所产生的电的强度。雷可以将人和牲畜击倒或灼伤，甚至让他们当场死亡。被雷击中后，有些人身上会出现不同程度的火烧痕迹，但也有些人身上看不到一丝雷击的痕迹。这是因为他们在瞬间受到雷的猛烈攻击后，虽然血液循环和呼吸都停止了，但这只是暂时性的死亡，只要采用人工呼吸的方法就可以将他们救活，就像救治溺水者一样。有的时候，雷击仅能够麻痹身体的某个部位，或者只是使其一时失去知觉，不久便会自行痊愈。

以上讲了雷的威力，大家是不是感到恐惧了？然而，在这一自然现象面前，恐惧是没有用的，正确的做法是掌握一些基本的防护措施。

首先需要记住的是，下雨的时候千万不要躲到大树下避雨。雷最先袭击的往往是较高处的建筑物，因为这些地方聚集了很多与乌云中的电荷性质相反的电，而这两股电总是在寻找机会相聚，为了达到这一目的，它们会排除万难。这也就是高楼、巨塔、峭壁和大树容易遭受雷击的原因。因此，如果你在空旷的原野里不幸遭遇了暴风骤雨，切勿跑到大树下去避雨，特别是那种高耸而孤立的树木。因为地上的电为了和云中的电相会，会竭尽全力升到树的最高处。所

以，下雨的时候在树下躲雨其实是一个非常危险的举动，每年都有人因为躲到树下避雨而遭受雷击。

至于其他的一些所谓的"预防方法"，比如不乱跑，以免扰动空气，使空气起剧烈的变化，关闭门窗以阻止气流的流通等，都没有丝毫意义。因为日常的生活经验告诉我们，雷并不受空气流动的影响。比如在铁轨上飞速行驶的火车，它对空气的扰动是非常猛烈的，但它反而比静止不动的物体更不容易遭受雷击。

那么，有没有一种更好的方法可以减少雷的危害呢？

在普通的情形下还真是没有更好的办法，不过后来伟大的天才富兰克林发明了避雷针，用它来保护危险的房子和墙壁。避雷针是这样一种东西，它长得又长又尖，一般安装在屋顶上。它的下端和另外一根铁相连，这根铁顺着房子蜿蜒下去，一路上被很多环子钉住，最终伸入又潮又湿的地下。有的还被埋在深水井下面。打雷时，雷会落在高高的避雷针上。它是最适合电流通过的一种金属。而且，避雷针附近并不会积聚大量的电，因为其尖端可以将电逐步释放出来，因此也就不会发生落雷的现象。

相信了解了这么多关于雷的知识，等下次再打雷时，你就不会由于无知而恐惧，也不会由于无知而犯错了。

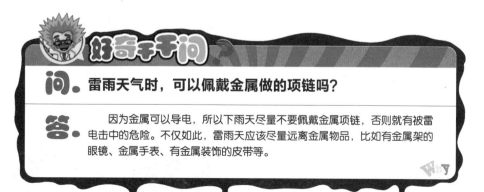

好奇子子问

问. 雷雨天气时，可以佩戴金属做的项链吗？

答. 因为金属可以导电，所以下雨天尽量不要佩戴金属项链，否则就有被雷电击中的危险。不仅如此，雷雨天应该尽量远离金属物品，比如有金属架的眼镜、金属手表、有金属装饰的皮带等。

Why

［苏联］米·伊林

风

　　我们几乎每天都在和一个"隐形人"打交道。虽然看不到它，但是你可以听到它的声音，也可以感知到它的存在。当你看见一扇门或者窗户突然自动关上的时候，就是它在搞恶作剧。当你看到树木和丛林在摆动的时候，那里面就有它。你在大街上走时，能感觉到它就在你的身后，然而，等你转过头，仍然找不到它。它并不像一位彬彬有礼的君子，有时候甚至会恶作剧般地掀起你戴在头上的帽子，让你在众人面前尽显狼狈；有时候又会在你走路的时候，扬起一把沙子突然撒进你的眼睛里，让你难受至极。

　　如果你看到一个塑料袋静悄悄地飘到了空中，你一定明白那是它搞的鬼。虽然你始终看不到它的"庐山真面目"，可是你很清楚它的一切活动。对于这位"隐形人"，你和它接触得越多，对它了解得就越深刻。

　　在人类对它还不甚了解的时候，就已经开始让它为我们服务了。既然它总是在陆地上和海洋中做一些毫无意义的事情，那么就给它找份正式的工作吧。在海洋里，人们用它来推动帆船。在陆地上，人们用它来转动风车。智慧的人类把船桅变成了风车，这样，"隐形人"便顺从地听

起了人类的使唤，去转动风车了。

不过，千万别高兴得太早了。"隐形人"并不仅仅拥有人类这一个主人。这会儿，它顺从于人类，老老实实地推动着帆船前行。过一会儿，它可能又会听从新的主人——天气的调遣，打翻帆船。这个"隐形人"就是风。

世界上不同地方的人对风有着不同的称呼，比如：古希腊人称它为"埃欧勒斯"，波利尼西亚人称它为"玛乌伊"，印第安人则称它为"乔其"。其实很久以前，人们就已经知道，风并不止一种。古希腊人把风分为了很多种，比如：称北风为"保里阿斯"，称南风为"诺特斯"，称西风为"赛费勒斯"，称东风为"尤勒斯"。既然给风命名，说明古希腊人已经了解了风的一些相关知识。在国王的宴会上，人们曾为在史诗《奥德赛》中导致沉船事故的暴风雨吟诗。

　　谁能从灾害中幸免于难，如果在昏暗中

　　暴风雨突然不期而至，

　　黑暗的海面上赶来了诺特斯抑或赛费勒斯？

　　因为它们，连神的船只也坠毁在海底的深渊里……

当然，历史学家没有办法辨别出诗中哪些是虚拟，哪些是现实。但是，气象学家可以辨别出来。穆尔塔塔夫斯基就是这样一位气象学家。他可是个非常顽强的人，他所研究出来的方法可以用来推测之后很多天的天气情况。他还非常想知道攻陷特洛伊后，希腊人班师回朝时到底遇到了怎样的天气，以及俄国商人从诺尔曼返回希腊的途中又是怎样和天气打交道的。

他在地图上研究地中海时，在其附近标注了很多代表风向的箭头。从这些风向箭头的顺序中我们可以看到，先是北风，然后是东风与南风，最后是西风。穆尔塔塔夫斯基发现，诗中描述的风向也正遵循这样的运行轨迹。气象学家太神奇了，竟然能够从古老的史诗中研究出当时风的运行轨迹。史诗不仅记录了发生于几千年前的历史事件，而且也记录了当时的各种自然现象，其中关于风的描述几乎和当今的气象图一样精准。

　　人类始终都在密切关注着大自然。我们观察到了很多现象，但是其中一些现象可能一时半会儿还无法解释清楚。

　　在堪察加，当人们看到野外的一道道雪沟时，也会心生疑惑。他们很清楚，雪是不会自己堆成一堆的，雪沟也不会无端出现，肯定得经由外力的作用。这个外力可能是马，也可能是车，反正总得有个什么东西。可是，到底是什么东西造成了这么深的雪沟呢？围绕着这个疑问，大家开始了各种猜测。很多人认为那是天神滑雪橇时留下的痕迹。可是，并没有人看到过天神滑雪橇啊。不过，雪下这么大，没人看到也实属正常，而且，那个深雪沟不就是证据吗？

　　在地球上的大部分地方，都会出现风和暴雨的身影。曾经，天气主宰着地球，人们对天气的变化毫无办法。但是随着科技的进步，人们在不断地认识它、了解它，并能作出较为准确的预测。

在古代，虽然航海技术较为落后，人们仍然有办法对付天气。人们用双手的力量来测试风速的大小，从而选择合适的帆索，还凭借肉眼来估测风的力量。

在气象台还没有出现的时候，人们就已经知道在帆船的桅杆上挂上一些小旗帜，同时还将风向标安设在海边城市的高塔上。只要看看这些小旗帜或者风向标被吹动的情况，甚至只需要看看炊烟的走向就可以知道当天是否有风，以及风的方向了。

需要和天气打交道的不仅有水手，还有农民。农民需要选择适宜的天气进行播种，并在适宜的时候收割庄稼。最令农民们气恼的是，庄稼长势正好时，突遭早寒；正在晒草时，天上突降暴雨。

诗人赫西俄德曾忠告农民说："如果傍晚时北斗七星刚露出地平线，那么收获庄稼的时候就到了；如果傍晚时北斗七星刚好在水平线以下，那么耕耘的时节就到了。冬天来到时，天空中会出现鸣叫的鹤群。之后，呼呼的北风就会来到你的世界。只有提前做好准备工作，才能在遭遇极端天气时不至于惊慌失措。这是按照自然规律进行耕种的法则。"

鹤群在空中鸣叫时，人们就知道冬天快要到来了。由此可见，那个时候人们就已经掌握了与耕耘有关的规律。无论是冬天还是夏天，无论是寒冷还是温暖，一切都应该遵循大自然的法则。

虽然那时没有先进的科学仪器，但人们能够观察，倾听大自然的声音。大批鹤群飞往南方本身就是一个信号：冬天要来了。当蜗牛背着自己的"小房子"到大树上乘凉的时候，人们就知道酷热的夏天来到了。人们密切地关注着大自然的动向，不错过任何一个细微的变化。在诗歌中，人们通过联想用心诠释着天气。在人类面前，天气永远都是个脾气暴躁的女王，人类却总是拿它当自己的仆人。

在传说中，天气隐藏在一个山洞里。不过，这种说法已经不能令现代人信服了。因为，人们能够切实地感受到天气时刻存在于身边。就连看到一个瓶子时，人们都在想："隐形人"躲在里面吗？难道就是因为天气是隐身的，所以我们看到的瓶子才是空空如也的吗？如果我们让瓶口朝下，将之浸泡在水里，我们会看到一串串的气泡陆陆续续地从瓶子里面跑出来，难道这就是大家所说的"隐形人"？

这样说来，"隐形人"是隐藏在瓶子中的。不管在什么地方，只要是有空间的地方，空气都会藏在里面。它就存在于我们周围，甚至隐藏在我们的身体里面。工人们吹制玻璃瓶时，它就通过一根根细管子从我们的身体里跑到了玻璃瓶里。

公元前6世纪时，米利都出了一位著名的哲学家，他的名字叫作阿纳克西曼德。他对天气这个"隐形人"进行了很多研究。他告诉人们，当空气被推动时，就产生了风。他有很多疑问，比如晴朗的天空为什么会突然阴云密布，然后就下起雨了呢？为了搞清楚这些问题，他对天空进行了认真的观测。他曾这样告诉自己的学生："很多空气聚集在一起就产生了云。云会变得很厚重，这样就有可能产生水。水在下落的过程中如果结了冰，就成了冰雹。但是，如果是湿润的云层本身结了冰，就会变成雪花落下来。由于风把乌云分成了两半，由此就产生了闪电。当风把乌云撕开时，就会出现火光。而彩虹的出现是因为阳光照射在了厚云层上。"

对于阿纳克西曼德的这些说法，有些人并不认同，比如亚里士多德。亚里士多德是古希腊伟大的哲学家、科学家，他著有《气象学》一书，那可是世界上第一本关于天气方面的书籍。从此，世界上就多了一门新的学科——气象学。一直到现在，这门学科仍然沿用这个名字。

书中主要讲述的是风、飓风和气旋等方面的知识。亚里士多德认为，风并不是在推力下产生的。他说，空气是地球呼吸时所呼出的气体。由于北方天气寒冷，所以地球呼出的是冷气，而这些冷气聚集在一起就形成了北风。与之相反，南方温暖，所以地球呼出的是热气，而这些热气聚集起来就形成了南风。

关于"隐形人"这个话题，人们历来争论不休。可是，"隐形人"从来都不理会这些，它只管做自己的事情。在北方，它呼呼地刮着寒冷的北风。在南方，它徐徐地吹着温暖的南风。

那么，雾是从哪里来的，又消散到哪里去了呢？美丽的云霞是怎样形成的，第一滴雨水又是因为什么落下的呢？为什么北方寒冷，南方却很温暖？

关于"隐形人"的这些谜团，人们怎么也猜不透。

［苏联］米·伊林

信风与无风带

在相当长的一段时期里，人们十分迷信占星术，这让"自然"变得非常神秘，"天气"也好像遥不可及——仿佛它并不是自然界的法则，而是有一种神秘的力量在幕后操控着。

不过，人们只是存在这样一种思想而已，真正做起事情来的时候却是另外一副样子。举例来说，一个磨坊主站在堤坝边，望着深不可测的河水，脑子里可能会闪过"河里有水怪"之类的念头。可是，等他需要用水的时候，他并不会被自己之前那些可怕的想法所束缚，而是会勇敢地截住水流。就这样，水流一直工作着，磨坊才得以运转，工人们也始终忙碌着。等磨坊主的儿女们长大后，他们会采用更先进的技术，对老一代磨坊进行改良。这样，磨坊也就会变得越来越现代化了。

水的作用并不仅限于此，它还可以用来造纸，用来铸铁。人们用水带动风箱吹火，能极大地增加炉子的温度，从而提高铁的产量。这下真是热闹，空气和水同时同地为人类工作。水的职责是冲击转动的叶轮，而叶轮的职责则是拉动风箱。风从风箱里窜出来后一下子就进入了熔炉，之后又从熔炉的底部直接窜到顶部。

人类对风的利用也是一样。之前，罗马

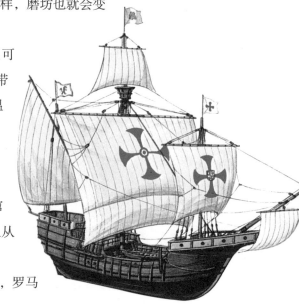

人利用季风，顺利地到达了印度。现在，人们又认识了一个新的朋友——信风。人们利用赤道附近由东北刮向西南的信风，可以顺利到达自己想去的地方。

伟大的航海家哥伦布就是在信风的帮助下顺利到达巴哈马群岛的。当时，船上的人们感到非常奇怪：为什么风一直把船往西方吹呢？岸上的树木也都纷纷弯腰朝向西方，就好像是在给他们指明方向一样。

航海家由于日久天长地在海上航行，逐渐了解了风和水的运行规律。风在海洋上发挥着举足轻重的作用，比如它可以制造波浪、驱动帆船航行、造成洋流等。麦哲伦就是借助风的帮助环游了地球。从此之后，人们才知道原来地球上所有的海洋都是连为一体的，而且海洋的面积远远超过了陆地的面积。就这样，人们一步一步地探索海洋，在这个过程中，人们深知，只有彻底认清研究对象的真面目，才能充分发挥其作用，为人类服务。

以前，对于赤道附近的飓风和大风暴，人们从来没有在意过。现在，由于经常会影响香料贸易，人们也开始重视起它们来，英国人就称信风为"贸易风"。

英国人把回归线无风带，也就是南、北回归线之间的地带叫作"马纬度"。在那个地带的海洋上，几乎没有一点风浪。在帆船时代，由于技术不发达，无风的

时候可愁坏了古代的航海家与商人们，他们只能在岸上坐等顺风的到来。在当时的商船贸易中，欧洲除了输出一些日用品，还输出一种动物——马。因为哥伦布发现美洲大陆后，发现那里竟然没有马这种生物。当无风时，帆船只能静静地停泊在海面上。随着时间的流逝，船上的马由于没有食物吃而活活饿死，而马肉太多又吃不掉，人们没有别的办法，只好将马的尸体抛进大海中。所以，这个令人苦恼的无风带也就有了"马的纬度"这个称呼。

问. 你知道"马纬度"的范围吗？除此范围之外，别的地方都有风吗？

答. "马纬度"指从赤道到南北纬30°附近。不仅"马纬度"无风，在赤道海区、南北纬60°海区也无风。

[苏联] 米·伊林

雪花

雪花出生在距离地面很高的云层里。它们的生长速度不是以天计，而是以小时计。每增加一个小时，它们就会变得更加漂亮，所穿的衣服也更加华丽。它们彼此长得十分相像，但仔细看，每一片雪花都有自己独特的装束。有的雪花像六角形，有的雪花像有六片花瓣的花朵，有的雪花则像闪闪发光的六棱钻石。

雪花长大后会结群行动，集体飘向地面。它们的数量非常多，多得没有人能够数清楚。

当雪花快要接近地面的时候，风来阻挠了，它不让雪花平稳降落。它让雪花在空中旋转，把它们往上抛，强迫它们在自己狂野的乐曲声中不停地跳舞。

不过，雪花最终还是一片片地陆续到达了地面。它们似乎只考虑如何使自己小心翼翼地降落到地面上，保持装束的完整，而从不担心自己会支离破碎。

一些雪花悠然降落到了收割后的田野上，一些雪花则在森林中找到了自己的栖息地，一些雪花则落脚于屋顶上，还有一些雪花则悄然降落到了乡野的小路上或者城市的马路上。

那些降落在马路上的雪花，它们的遭遇相

对来说要差一些。拂晓时分，行人开始来来回回地在路上走动，而马车和汽车则粗暴地在路上行使。美丽的雪花开始在人们的脚下和车轮下融化，与干草、烂泥和粪便等脏物混杂在一起。

那些栖身于田野中的雪花，则基本上不会受到搅扰。面对阳光顽强的进攻，雪花用自己镜子一般的盾牌将光线反射回去，因此人们长时间盯着大面积的雪地看时，眼睛会被刺痛。

这时，太阳的另一位盟友——风伸出了援助之手，它带来了热量。

于是，太阳和风联合起来。太阳用光芒照耀积雪，风则用温暖的气息吹拂积雪。积雪招架不住了，开始退缩。

起初，积雪只是在原野等阳光和风能自由运动的地方先行融化。至于低洼地带、沟渠和沟壑里，由于阳光和风无法轻易进去，积雪就在那里坚守着阵地。旁边的田野里，小草已经蓬勃生长，而一些地方的积雪依然在负隅顽抗。不过，它已经逐渐失去了本色。

人们常说"洁白如雪"，然而，这里的雪早已经不再是洁白的颜色了，它的身上罩上了一层肮脏、粗糙、坚硬的外皮。真是令人难以置信，这就是当初那些飘飘洒洒从天而降的白得发亮的美丽的雪花。

很长一段时间内，它们一直想赶跑春天，不愿意顺时而动，但是世间的万事万物都得遵守时令节气的规则。

这时，又有一位盟友——温暖的春雨也伸出了援手。

雨点开始一点一点地打在雪地上，穿透积雪那层又厚又硬的铠甲。在这样的攻击下，积雪的全身都是窟窿，可谓千疮百孔。在一些沟壑里，积雪坚硬的铠甲下面，溪水已经开始奔流。

尽管铠甲依然存在，但它已经起不到护卫作用，因为它的下面已经不再是雪，而是雪变成的水。不久，连铠甲也举手投降了：它裂开了缝，碎成了小块，融化成了水。

浑身脏兮兮的积雪终于变身成了充满活力、一路欢歌的小溪流。

没错，雪花很美。但是，由它所变的透明水滴难道会逊色吗?

林中的积雪仍然在进行着一场持久战，绝不轻易投降。那里高耸的松树和云杉宛如一道道屏障，为积雪阻挡劲敌。就连日光也难以穿透其间。尽管如此，可是阳光依然能够穿透森林，当然，它所用的利器不是光线，而是热量。上午，太阳炙烤树干的这一面；下午，它又去炙烤树干的另一面。这样，树干就变得越来越温暖。树干周围的积雪也因此而逐渐融化了。

太阳、风和春雨这三个盟友并肩作战，驱赶积雪，使它们无所遁形。

就这样，冬眠的雪宝宝们一个个都苏醒了，它们以另一种存在形式，沿着沟渠、峡谷、宽沟一路欢快地奔向河流，汇入大海。

[苏联]米·伊林

冰雹

一颗冰雹从天而降，刚落到地面上，又像小球一样蹦跳了起来。

冰雹是怎么长成这个样子的呢？它又为什么会从天而降呢？

冰雹会告诉你答案的。趁它还没有融化，你赶紧问吧。

瞧，灌木丛下面滚进了几颗冰雹，快去捡一颗个头比较大的吧。

现在赶紧拿一把小刀来，把冰雹从中间一切为二。你会看到，它的外层像玻璃一样透明，而它的中心则像瓷器一样洁白。

当然，这并不是瓷器，而是雪。这也并不是玻璃，而是冰。

现在你搞明白冰雹到底是什么了吧——它是由雪形成的，外面则穿着由冰做成的外衣。

不过，这颗冰雹并不算漂亮。我们经常会见到这样一些冰雹，它们会在外面穿三五件外套，把自己一层一层地包裹起来。最里面是一件用冰做的透明衣服，中间是一件洁白的雪衣服，最外面又是冰做的衣服。

冰雹到地面上做客之前是在哪里装扮自己的呢？在它们自己的家——天空中。

冰雹的内核是一颗雪糁子，又小又白。这颗雪糁子住在高空中，即雪云里。它降落到地面上，可要经过很长的一段路程。天空中飘着很多云团，其中，位于上层的是雪云，雪云下面就是雨云。雪糁子途经雨云时，雨云会送给它一件水衣服。水衣服如果结成了冰，便成了冰衣服。

那么，为什么冰衣服的外面会是雪衣服呢？

因为冰雹经过雨云后没有继续下降，而是重新上升，返回到了白雪的世界。

它又是在哪里弄到了一件雪衣服呢？

你可别忘了，它身上穿着好几件衣服呢。也就是说，它上上下下地往返了好多次。

冰雹没有翅膀，为什么会上下飞舞呢？

是风把它往上面抛的。这样的事也只有风能做得到。

现在你明白冰雹为什么穿那么多衣服了吧。为了到地面上做客，它打扮了很长时间。可是，一来到地面，它身上穿着的衣服很快就融化了。

不过，即便如此，冰雹依然可以告诉你它曾经的样子和自己的旅途所见。

从它身上你会得知雨云的上面是雪云。

之前你只知道风可以水平地吹动，现在，你知道风还可以像喷泉一样从下向上吹动。是风在冰雹打扮自己时又把它抛到了上面，而不让它继续下落。

对飞行员来说，天空刮什么样的风，以及会有什么样的云，是很重要的事情。如果你志在成为一名飞行员，就必须掌握有关天气的知识，从而保证你的飞机在狂风暴雨时不会损坏，在湿冷的云团里飞行时，机身不会被裹上一层冰，这样你才能潇洒地驾驶着飞机在空中安全飞行。

［苏联］米·伊林

水的旅程

　　小河冲破了坚硬冰块的阻碍，漫上了河岸。

　　一块块白色的冰块在河面上缓缓地漂流着。如果有冰块被卡在了缝里，它后面的冰块就会推动它，助它一臂之力。如果一块冰块撞上了另外一块冰块，它要么原地打转，要么侧着身子竖立起来，使自己倒翻过去。

　　有些冰块上还有冬天雪橇的滑木留下的辙痕。看样子应该是冰块脱离了路面，所以才会在河面上漂浮。冰块从小河漂流到了大河，然后又漂向了大海。

　　河水冲刷河的两岸，磨平了石头的棱角，顺便带走泥沙，然后用它们构筑小岛、浅滩。然而，人们并不允许河流由着自己的性子来。

　　为了避免浅滩妨碍船在水中航行，人们将挖泥船开进了河里。这是一种可以在水上行驶的巨大机器，它能从河底挖出几十斗的泥沙。

　　人们利用奔流的河水的能量，将森林中的原木运送到锯木厂，并利用驳船来运送货物。人们还拦河筑坝，并在坝上建造了水电站。

　　人们建设了很多水电站，这些水电站的规模大小不一。有的水电站比较小，只为一个农庄服务。有的水电站则比较大，可以将电力送往农庄、工厂、铁路、城市。

　　河水在到达大海之前，人类给它分配了很多任务。我们让它经由输水管走进千家万户。我们用它灌满机车的锅炉，使它变成蒸汽后驱动着列车在铁轨上飞驰。我们使水流进工厂，让它注满水箱和化学器械。我们把水注入汽车的冷却器，使它冷却灼热的发动机。我们用它清洗街道，浇灭大火……

　　就这样，冬季时以雪花的形式降落到森林中的水，经过长途跋涉来到了大海。从这里，它又将流入大洋。洋流又会将它带到更加遥远的南方，那是一个中午时分太阳正好直射头顶的地方。

　　灼热的阳光将水蒸发成了水蒸气。紧接着，它再次踏上了旅程，不过这一次它走的是空中路线。风把它从海洋上空吹到了陆地上空。在陆地上空，它变身为雨水和冰雹，然后降落到地面。

[苏联] 米·伊林

一滴水的故事

一滴水从空中落到了地上。

它渗进了土壤里，一棵白桦树的根须及时地抓住了它。

水滴从根须往上攀爬，先是到达树干，然后又来到了树叶上。

在攀爬的过程中，它携带了根须从土壤中获得的盐分。如果没有这种盐分，植物是无法生存的。

到达白桦树的树叶上后，水滴再次变成了水蒸气，钻进了空气中。

它又来到云层中，以降雨的方式来到了地面。一路上，它灌溉田野里的庄稼、牧场中的青草，灌满池塘，让孩子们能够开心地在水中游泳、划船。就这样，水重新以水流的形式渗进了土壤中。它在黑暗中不断地钻来钻去，说不定哪一天又变身为一股清凉的泉水，重见光明。泉水是小溪流的源头，溪流直奔小河而去，小河则直接流入大海，海水又流入了大洋。接下来，风再次把它带到了陆地……

这个过程简直没完没了，在水身上发生的故事怎么也说不完！

然而，问题就在于这个过程永无止境。

从古至今，水一直在从陆地到大洋、从大洋到陆地之间循环。在了解了水的运动路线、摸清了水的脾性的同时，人们正在研究驾

驭水的方法，以使它成为人们的助手，而不是敌人。

　　因为如果任由水为所欲为，它会不断惹出祸端。如果不在适宜的地方筑起土坝，等汛期到来时，水就会淹没城市。假如桥梁不坚固，水就会无情地冲走桥梁。

　　每年初春，江河解冻时，流冰都会对桥梁构成威胁。水不费吹灰之力就能将一座不够结实的桥墩冲毁。

　　当然，如果完全是依据科学原理建造的，那就另当别论了。

　　所以，如果你想成为一名工程师，如果不懂得关于水、雪、云、空气、土地的知识，是行不通的。

问. 你知道绿色植物在水循环中起什么作用吗？

答. 　　绿色植物通过根部从土壤中吸收水分，而绝大多数水分又通过蒸腾作用蒸发了。这样既能促进生物圈水循环的进行，增加降水量，又能提高空气的湿度。

[苏联] 米·伊林

水如何造福人类

　　长久以来，人们都在观察水、研究水，不仅如此，人们还逮住它，逼迫它做义工。和水打交道比和风打交道要容易多了。风看不见摸不着，水就不一样了，既看得见，又摸得着。人们可以用大坝拦住水，再利用它为人类服务。

　　在古代，尼罗河主宰着古埃及人的生活。当缺水时会有人饿死，发洪水时又会损毁村庄与城市。于是，人们建造了堤坝以抵御自然灾害。尼罗河的水位很高，当它有泛滥的迹象时，人们就会想办法控制住它，不让它流入大海。这样，人们就能拥有充足的水源和肥沃的淤泥。

　　后来，通过研究，人们对水有了更深入的了解，也就更加懂得了对水作出预测的重要性。古埃及人十分敬畏尼罗河，一直密切地关注着它的变化。人们认为，尼罗河泛滥是一件十分重大的事情。为此，他们每年都会祈祷，希望上苍不要降难于尼罗河。可是，祭司知道，到了一定的时节，尼罗河一定会泛滥的，他们甚至可以精准地预测时间。

　　直到现在，埃及还保留着一种叫作"尼罗河量水计"的工具，当时祭司就是用它来测量河流的深度的。他们先是在河岸上开凿出几级阶梯，并在旁边立上一根刻有线条的圆柱，这些线条用来标识水位的高度。然后在另外一个地方凿一口井，并打通一条连接井和尼罗河的隧道。这样，人们只需要看一眼量水计就能知道河水的水位，只需要看一下井水的刻度就能知道尼罗河水的深度了。

不光埃及人对水有所研究，其他国家也在用水造福人类。他们在河水流经的地带安装一种设备——带有勺子的轮子。这样，当河水流过时，轮子就会转动，于是勺子就能取到水。等勺子被轮子带到高处时，水就会被倒入旁边的沟渠里，然后顺着沟渠来到庄稼地里，浇灌庄稼。至今，中亚地区还在使用这种灌溉模式。

人们用水灌溉庄稼，碾麦子。人们逐渐不再仅仅满足于研究水的流经路线，他们还要为水开道，控制水的流向。

在长期的研究中，人们对水了解得越来越深刻，于是就出现了世界上第一本关于水文学的书。书中不仅记录了地上水，也记录了地下水。书的作者名叫佛伦丁，他是罗马的一名工程师，主要负责罗马城中水的调度。他不仅要测量水深，修建水的流经渠道，还要计算城市的用水量。因为他深知，城市和人一样，也需要喝水。

他的老师曾经教导过他："建造贮水池时，不能只考虑水道的宽窄。因为影响水量的因素中，除了水道的宽窄，还有水流量的大小。因此，要精准地算出每小时

增加的水流量和每天增加的水流量。"

经过不断地探索，科学家越来越了解江河，于是，他们开始研究一直没有解开的谜团：水是怎样回到江河里的？罗马有位名叫马尔库斯·维特鲁威·波得奥的建筑师认为：山上堆满了积雪，雪水融化渗透到地下后，又涌了出来，形成了江河的源头。

航海家早就知道，海上的风并不是胡乱吹的，而是有规律可循的。在印度洋上，夏天时风从洋面往陆地吹，冬天时则正好相反。罗马人非常聪明，他们正是利用了海风的这个规律，顺利来到了印度。

问. 你知道什么是海陆风吗？每个海滨地区都有海陆风吗？

答. 　海陆风指沿海地带白天从海上吹向陆地的风。并不是每个海滨地区都有海陆风现象，它一般出现在中、低纬度地区，而且夏季要比其他季节显著一些。

[苏联]米·伊林

如何才能将水征服

　　人们不仅能征服风，还能征服水。可能人们并不十分清楚水的力量，这是因为人们平时见到的水都比较温柔，当但洪涝来临的时候，水就变得狰狞可怕，尽显暴虐的本质，没人能够阻挡得住它。

　　水有三种存在方式：第一种是液态的水；第二种是固态的雪和冰；第三种是气态的水蒸气。要想征服水，就应该趁水还是固态的时候，因为固态的水相对比较容易控制。茂密的森林不仅可以用来抵御夏季的干热风，还可以用来抵御冬季的季候风。有了它，雪就不会被季候风吹得到处都是。在森林的边缘，通常都会有一些很大的雪堆。对此，很多人会感到纳闷：这里并没有下雪，为什么会有雪堆呢？其实，这些雪堆是森林从风的手中夺下来的。

　　春天到来后，在温暖阳光的照耀下，地上的雪开始慢慢融化了，但是因为森林的存在，融化的雪水并不会流向外界，而是全被森林中植物的根系吸附到土壤中去了。如果没有森林的防护，雪融化成水后就会在地面形成一条条小河，然后汇聚成大河。大河不仅能把土壤冲走，还有可能形成可怕的山洪。由此可见，森林对防止水土流失起到了十分重要的作用。

　　雪融化成水的过程，并不像人们想象的那样简单。有一部分水会被地上的落叶吸收，还有一部分水会蒸发，剩下的水就全部渗进了土壤中。地上的积水会顺着地势逐渐流到比较低的地方，最后在低洼处形成积水。

　　在山里，水只能依靠树木，而树木并不能完全蓄住水分，为了避免水在地面上横冲直撞，就有必要修建堤坝。有了堤坝，就能把水积蓄起来，用来灌溉田地。这时，森林的主要作用就是保护堤坝，使之变得更加牢固。有了森林和堤坝的双重保护，土地就不至于干枯得太厉害。如果想将水储存起来，还得依靠土壤的作用。森林的存在，不但可以降低水的流速，还能有效阻挡狂风的袭击。如果风速减弱，土壤就能得到更多水分的滋养，也就不容易干涸了。

　　对于植物来说，水是不可缺少的。有了水，植物才能生长。水不仅能滋养植物，还是植物的运输工具，它可以把自己从土壤和叶子中得到的养分分别运送到植物的各个部分。要想让植物茁壮生长，就需要源源不断地给植物提供水分。水分从植物的根部运送到叶片上，然后蒸发到空气中进行着水循环。

　　当天气干燥时，植物就会进行自发调节，进而合理节省水资源。那么，怎么才能得到更多的水资源呢？很显然，只有依靠森林。风速减弱后，水分的蒸发就会变得缓慢，因此，森林的存在能够为土壤提供一个相对潮湿的环境。这样，既有利于植物留住水分，又能促进植物茁壮生长。

［苏联］米·伊林

女巫与天气

中世纪时，科学完全没有自己的一席之地，很多科学苗头刚一萌芽就失去了地位。哲学家尽失往日的光彩，被神学家所取代。工程师和天文学家也威望扫地，让位于魔术师和占星术士。占星术士依据天上的星星为人们预报天气，神学家更是离谱地认为人间的各种灾害都是天神发怒的结果。

寻找水源的人手拿一根所谓的魔杖，在村子里转来转去。他告诉人们，跟着魔杖的指引，就能找到有水的地方。在那里挖井，肯定不会有错。于是，人们之前关于自然界的一些认知全部遭到否定，一切又重新回到神秘主义的状态。

在一个小渔村里，孩子问妈妈："妈妈，是什么在窗户外面哭啊？"妈妈小心翼翼地回答说："是风的母亲。"又有谁知道下一个哭泣的是何人的母亲呢？英国人的想法更加离谱，当遇到暴风雨时，他们认为那和乌云没有丝毫关系，是"野猎人"在追赶野兽。那只野兽十分可怕，它面目狰狞，张牙舞爪，还拖着一条长长的尾巴，被骑着骏马的猎人在后面紧紧追击。

有一本叫作《阿塔尔王和圆桌骑士》的书。书中有这样一个故事情节：有个骑士用剑刺中了一个大碗，紧接着天上就下起了密集的冰雹。冰雹砸坏了植物，砸死了家禽，骑士却依靠盾牌保住了一条命，侥幸逃脱。看到这样的故事，城里的贵族们感到非常吃惊，因为当时关于天气的故事相当少见。

有一次，英国刮起了大风暴，致使许多船只都被淹没了。人们认为这场风暴的罪魁祸首是一名学者，指控他拥有妖术。于是，这名无辜的学者就被关进了监狱。由于实在忍受不了百般的残酷折磨，他最终开口承认自己拥有妖术，是自己施展妖术命令英国的女巫乘坐筛子在大海中漂流，并最终刮起了大风暴。

法官质问他："为何要让女巫乘坐筛子这种奇怪的交通工具？"他答道："因为如果不使用筛子，她们就会被淹死。"于是，法官下达了处决他的命令。当时，迷信和偏见非常盛行，具有压倒一切的地位，人们丝毫不相信科学。人们居然这样解释雨的形成：天使拿着一根长长的管子，先把水从海洋中吸出来，然后再喷洒向人间。

人们记录了当时流传的各种灾害的预兆。比如长有12个头的动物以及彗星的出现周期等。当时也出现了很多书，但内容记录的多是关于星座和行星给天气所造成的影响。有这样一本书，它的封面绘图是这样设计的：一个农民手里拿着一把犁，他身后是正在慢慢倒塌的城堡，城堡的下面有一个分成了两半的沙丘。天空中有很多石头正在往下滚落，乌云里一片电光闪闪。天神们个个严肃地端坐在云上。书中说，这场灾难是天神们联手制造的。书中还讲述了雨、风等形成的原因，即是由行星的"冲"与"合"造成的。

迷信是一股非常顽强的势力，为了打败它，科学家与之进行了不屈不挠的斗争。历书上那些记载，无不浸润着科学家的心血。

中世纪的历书中全是关于占星术的记载。人们花钱买历书，不是为了知晓日期及规律，而是想了解自己的命运，以及次日的天气情况。18世纪初，俄国就出版过这样的书。这本书是在一个伯爵先生——伯留斯的监督下完成的，所以被命名

为《伯留斯历书》。伯留斯辞官后，在一个城堡中潜心研究科学，人们却称他为巫师。1725年，俄国在彼得堡成立了科学院。一时间，科学家纷纷向占星术发起了挑战。科学院也出版历书，他们在首页上明确说明占星术是骗人的东西，它所谓的"预言"早已经被科学破除。

不过，要想真正破除占星术，并不是一件容易的事情。仍有很多人并不认同科学院所出的书，他们依然信服原来的历书。因为原来的历书能让他们轻易知道第二天的天气以及夏天的降雨情况。在他们的强烈要求下，科学院最终不得不作出让步，在自己出版的历书上也加入了关于占星术的文章。不过，由于是违心之举，他们并不希望书中的预言能够成真。为此，他们自嘲说："我们非常不希望书中的预言成真，经过一系列的失败，人们应该就能明白用钱是买不到真理的。"

1746年，科学家再次向占星术发起了挑战。这次，科学取得了巨大的胜利。就连在罗马，占星术也开始失宠了。一年后，用占星术预测天气的书籍从科学院里彻底消失了。不过，占星术并未销声匿迹，在其他一些地方出版的书中依然有关于它的记载。

1814年出版的《天文学望远镜》这本书，有人将其译为《物理学、政治学、经济学及天文学通用万年历》。书中记载了很多事件，有发现美洲大陆这样的大事，也有关于日期、谁是第一个穿丝袜的人，以及国王的军队统一定制军服等小事。

在这本书中，我们可以了解到印刷术发明的时间、木针被铁针取代的时间，以及关于大气等自然知识。不过，除了这些，书中还用了很大篇幅来介绍占星术。这些内容不仅涉及了行星对天气的影响，还涉及了它对人类命运的影响。下面摘录了一段关于1946年天气的预言。

初春时节，天气较冷，降雪颇多。盛夏时节，温度升高，风较多。暮春时节，天气舒适宜人。

初夏时分，天气潮湿，不过过一段时间就好了。庄稼与蔬菜应该及早收割。

秋天，10月中旬以前温度会很低，然后就会迎来秋高气爽的天气。等秋季快接近尾声时，天会连续阴沉，降雨也很多。

冬天倒不是很冷，不过会刮大风。天气不好时，会很寒冷。

从这些书中，人们就能知晓一年四季的天气。当然，编书的人心里明白这些都是骗人的东西。

　　看，那时候出版的就是这些占星类的书。尽管如此，人们仍然愿意相信这些书里的内容，所以也就会花钱买它们。直到今天，在一些地区，还有很多人依然相信占星术。

　　我曾经见过英国1946年出版的一本书，内容就是关于占星术的。这本书的封面设计得花里胡哨，封底还刊登了一些广告。书中的内容有赛马、海船、印度警察、卖报者、示威游行等。

　　是不是觉得这本书很现代？可是，一旦翻开它，就会看到有关占星术的内容，里面还有关于当年出生的婴孩的星座预言。比照着自己的信息进行阅读，人们可以了解自己的"命运走向"。

　　这本书清楚地告诉人们哪一天应该干什么。比如，哪天做生意能够发大财，哪天干事业会取得成功，哪天谈恋爱能修成正果，哪天烦恼无止尽，等等。人们在做事情之前会都看看星座的预言，就连种一颗土豆这样的小事也要先去看看书中的说法。除此之外，这本书还预言天气状况。它说，6月天气较热，11月中旬以后会下雨，1月天气较冷。明眼人一眼就能看出，书中的预言都是真假参半。

[法国] 法布尔

大气

　　如果我们用手掌在面前快速晃动一下，就能感觉到一阵轻微的风拂过脸颊。这阵微风就是空气。当一切静止的时候，我们是不会感觉到微风的，只有晃动手掌才能感觉到它的存在。虽然是一阵轻微的晃动，我们还是能感到一阵清凉的快意。但是，空气的震荡并不是每次都这般轻微，有时候它特别蛮横无理。怒吼的狂风可以把大树连根拔起，甚至吹倒房屋。狂风是一种来势凶猛、极具破坏性的空气。空气从一个地方流到另一个地方就形成了风。人们之所以常常忽视空气的存在，是因为看不见它。

　　有时候，空气看上去好像呈现淡蓝色，其实，那是由于大气层对阳光的散射作用所呈现出来的颜色。这就像水一样，当水量很少时看起来似乎并没有颜色，但在海洋、湖泊、江河等深水中就会呈现蓝色或绿色。空气也是如此，在稀薄时看似没有颜色，但当厚度达到几十千米时，就会呈现蓝色。

　　整个大气层的厚度约1000千米，没有明显的界限。云漂浮于其中。大气层距离我们非常遥远，我们就像那些生活于海底的鱼儿一样，住在这个空气海的最下面。

　　这个空气海的存在，真是太重要了。世界上一切有生命的东西，无论是植物、动物，还是人，都离不开这个空气海，否则生命就不会存在。大家都知道，对于人

类来说，吃、喝和睡是非常重要的事情。只要饿上那么一会儿，即便是制作粗糙的食物，我们也会感到香甜可口；只要嘴巴稍微感到干燥，我们便会渴求一杯水；只要感觉到力倦神疲，我们便会渴望能够躺到床上休息。如果这些需求没有及时得到满足，人们就会备感痛苦。

除了以上这些，人们还需要一种十分重要的物质，无论你有多么饥渴、疲倦，跟缺少这种物质比起来实在算不上什么。在我们生命中的分分秒秒，无论是醒着还是睡着，我们都需要这种物质，它就是空气。

空气对于人类来说非常重要，虽然我们对于它并没有明确、主动的需求，但它却遍布在我们周围，发挥着重要的作用。空气是人类生存的第一必需品，日常的营养位列第二。我们只有在饥饿的时候才会对食物有需求，但是对于空气，我们每时每刻都离不开它。这种需求是没有间断的，是紧急的、迫切的。我们很多人之所以没有意识到空气的重要性，是因为它在不知不觉中满足了我们的需求。如果我们堵住身体上空气的入口——鼻子和嘴，我们的脸很快就会因为缺氧而涨得通红。

对于动物来讲，空气同样是必不可少的。即便是那些游在水中的鱼儿，也一定得生活在有空气渗入的水域。大家可以试着做这样一个实验：把一只鸟罩在一个玻璃钟罩内，将钟罩的四周封严实，然后用抽气机将钟罩内的空气抽去。很快，这只鸟就会站不稳，挣扎一阵之后，它便会死亡。

接下来，是不是有人要问了：那么，世界上的空气可以同时满足人类和动植物的需求吗？

答案当然是肯定的。虽然人类每小时大约需要6000立方米空气，但是地球上的空气非常多，足够地球上的生物共同使用。

空气是一种重量很轻的物质，每立方米只有1.3千克，而每立方米水则有1000千克。也就是说，同等体积的水是同等体积空气重量的769倍。

如果可以将大气中的所有空气都放在一个巨大天平的托盘里，那么天平另一端的托盘上需要放多少砝码才能使天平平衡呢？

大家尽可以往几十亿千克上猜一猜，因为空气的海洋是巨大无比的。甚至可以说，大气的重量压根是称不出来的。

那么，空气对地球有什么影响呢？

空气像一层皮肤一样包裹着地球，又像桃子表面那些细到常常被人们忽略的毛一样，看似对地球没有太大影响，但实际上不可或缺。

虽然人类每天都在大气海洋的底层游来游去，显得十分渺小，但我们凭借智慧，算出大气的重量，这也是相当了不起的。

［苏联］米·伊林

当天气发怒时

天气女王的一举一动都在提醒人们：谁忽视它，谁就没有好果子吃。

它有很多仆人，遍布于世界各地。

天气女王心情不错时，会对人们格外开恩：当土地需要水分时，及时给予雨水；无私地给予动植物光和热；当帆船起航时，给予顺风；当飞机起飞时，给予万里晴空。

但是，当天气女王发怒时，人们就要遭殃了：它不合时宜地刮热风，摧毁长得好好的麦穗；降一场寒霜，冻坏快要成熟的果实。它召来风雪，让它们阻挡前行的火车；它派遣冰块，让它们拦截航行的轮船。

有时候，女王也会对飞机搞破坏，阻碍它的正常飞行。春天来临的时候，它会一意孤行，开始旅行。它会毫不客气地向大家征收"贡品"，俨然一个无情的掠夺者。

天气就像一个顽皮的孩子，它总是任性地玩耍着。今天可能玩的是羽毛、纸片，过一段时间可能就会去玩弄飞机、轮船。有时候它很温柔，会轻轻地把树上的苹果摇下来；有时候它又很凶悍，会粗暴地把一棵百年古树连根拔起。

天气真是一个大力士。在诺夫罗西斯克，一辆满载货物的火车前一分钟还在慢慢行驶，后一分钟就被飓风吹到了海洋里。在热带地区，很多城市由于狂风暴雨肆虐而惨遭破坏。

雾凇的威力也很大。1922年冬天，一场雾凇压倒了约9000根电线杆，折断了约12000根电线杆。

曾经见过这样一张照片：在一棵树的树杈上，高高地挂着一只大铁桶。铁桶怎

么会出现在树上呢？是有人把它挂上去的吗？很显然不是，而是天气在作怪。连日的降雨之后，水平面抬高，河水开始泛滥，于是就导致了铁桶拌在了树权上。这只是河流作怪产生的现象之一。它好像对什么都感兴趣似的，碰到啥都想玩一玩，比如砖、瓦、石块，等等。

天气真是爱搞恶作剧。大家回忆说，在东部沿海地区，连续下了两个多月的雨之后，到处都是一片汪洋，人们根本看不出天与地的分界线。田鼠们瑟瑟缩缩地挤在山顶上。就连喜欢水的蛤蟆，也全都趴在尚未被水冲走的铁路路基上。

就这样，雨还是下个不停，丝毫看不出有停止的迹象。许多城市和乡村被水淹没了。在某些城市里，水位线甚至超过了空中架着的电缆线，人们只有站在和钟楼一样高的建筑物上才能保住性命。

关于1824年圣彼得堡的那场水灾，普希金在《青铜骑士》中描述道——

在阴暗的彼得堡上空，

11月的空气中流淌着秋天的寒冷。

狂躁不已的波涛，

翻卷在坚固的城墙中，

涅瓦河像病人一样辗转反侧，

在床上不舒适地翻腾不已。

黄昏的天空青黑一片；

> 大雨愤怒地击打着窗户，
>
> 风在嘶鸣，在拼命地嘶鸣……

这首诗中，包含了对气温、雨、风等诸多气象因素的描写。

如果普希金能够再多活一百年，他的诗中出现的就不是独木舟，而是轮船了。

一百年过去了，虽然世事沧桑，可涅瓦河仍然喜欢发怒。1924年，涅瓦河再次肆虐，它咆哮着穿过石阶，涌入城市。在城市里，它顽劣依旧，到处寻衅滋事。虽然人们在修建城市的街道时花费了很多心血，可河水泛滥后，几个小时就把一切都毁了。路政设施被冲击得乱七八糟，就像胡乱堆放的积木一样。

天气就是喜欢大发脾气。它在地上称王，那么在地下它总无法施展淫威了吧？答案是否定的。即便是在很深的地下，也会受到它的影响。也许大家还记得，由于旷日持久的降雨，地下水像憋疯了一样涌向煤矿，灌进坑道。矿工们摸索着行走于齐腰深的大水中，朝着梯子和直升机的方向逃亡。可是，水并没有放过他们，而是紧紧地追随并吞噬了他们，造成了严重的矿难事件。

在陆地上，天气是个暴君，在大海里也是如此。在海面上，风主宰着海浪，控制着它们的行动。风刮到哪里，海浪就必须跟到哪里；风速变大，海浪就必须拼命翻滚。当暴风雨发怒时，海浪在狂风的驱使下，也变得愈加疯狂。它们怒不可遏地越过船面，漫进船舱中。它们看见什么破坏什么，连罗盘也未能幸免。它们仿佛已经知道，轮船将用不着这些东西了。就这样，轮船被淹没在了大海中，只露出垂头丧气的旗帜和一些桅杆。

在海上，是万万不能轻视天气的。英勇的海军虽然可以决定海战的成败，可有那么几次，暴风雨也赶来凑热闹了。

有一次，英国人之所以打败了战无不胜的西班牙舰队，就是因为暴风雨的助力。两个多世纪以后，英国人也遭到了同样的命运，从特拉法尔加缴获的战船被抢走了。

要是有人想写一部关于暴风雨的历史的话，发生于19世纪的巴拉克拉瓦暴风雨理所当然地应该放在首页。在塞瓦斯托波尔一战中，狂躁的风浪怒吼着掀起战船，用尽全力将它摔向岩石，就像摔打一个小玩意一样。链锁、锚等看似十分坚固的东西轻而易举地就被折断了。因为断了锚，英法两国的战船完全失去了自控能力，像

无头苍蝇一样在海上横冲直撞。

在塞瓦斯托波尔港口，有一些俄国的沉船。当初，俄国人为了阻挡敌人的进攻，就将这些船沉了下去。

即便如此，暴风雨还是觉得没有玩尽兴，它从河底拖出一艘船来，一直拖到了大海里。这艘船上，没有水手，也没有船长。一艘孤零零的船就这么一直使劲地往前冲，好像有一股神奇的力量在背后推动着它。不管前方是暗礁还是岩石，它都奋勇向前。

这个时候岸上正在发生什么事情呢？由于暴风雨的肆虐，军队的帐篷都被掀了起来，翻倒在地。桶、被褥、木板、生活用品之类的物体在地面翻滚，就像正被清扫的垃圾一样。

这就是当年那场暴风雨！在它面前，船只就像纸片一样脆弱，即便是装备齐全的军舰在它面前也无异于以卵击石。

1929年，在比斯开湾，暴风雨就用它威猛的力量狠狠地教训了一艘军舰，把船舷和船头的钢板统统打击得面目全非，军舰不战自溃。

[苏联] 米·伊林

气候之灾

在地球上，水循环和空气循环是互相影响的，如果我们想要详细描述空气和水的循环过程，不用几张纸恐怕完不成。

每经过一阵气团，海洋就会涌起波浪作为回应；每经过一阵气旋，海洋就会出现漩涡作为问候。

水和空气不断地交换着物质与能量，二者相互影响，最终形成了地球这台机器的外壳。

根据最新的科学研究，地球的外壳已经有30亿～35亿年的历史了。这也就意味着地球这台机器从创造出来到投入使用已经花费了几十亿年的时间。在这期间，只要更改了其中任何一个零件，地球就将不再是我们所熟悉的模样。假如水不再流动，海洋也就不会有氧气。

那么，现在海洋中的氧气是怎么出现的呢？

就像我们人类在地下的矿坑中为了保证呼吸的畅通而装备有通风机一样，海底世界也有天然形成的通风装置。我们知道，水可以携带氧气，海洋中的水循环和空气循环二者之间不断交换热量，再加上洋流有冷热的温差，于是就有了海水的流动。沿海的海水往下沉，而它离开的地方立刻就会有温暖较轻的海水补充进来，这样就形成了洋流。这些洋流将冰凉的海水带到赤道，而赤道地区温暖的海水则流过来作为补充，在这种不断的循环中，海洋中始终充满足够生命存活的氧气。

海洋中的水循环不仅为海洋生命提供必需的氧气，还为它们提供必要的食物。通过水循环，海底大量的氮、磷等营养物质被输送到浅海，供给位于海洋食物链底层的海藻，这样就从源头上保证了海洋食物链的存在。

海洋里的通风装置不仅能保障海洋生命的生存，对于陆地也有巨大的影响。如果温暖的洋流不能被传送到寒冷的北方，那么陆地将无法从海洋中摄取热量，于是陆地的冬天将会变得更冷，很多生命将无法生存下去，而接下来陆地上冰封雪冻的时间将会更长。对于地球植被和依靠这些植被而生存的生命来说，这无疑是一个巨大的考验。

相信大家已经认识到洋流的巨大影响，地球机器上这个小小的零部件所产生的影响真是忽视不得。除了这个零部件外，还有许多零部件，它们的作用同样不可小觑。比如臭氧层，被我们忽视了很长时间。这个臭氧层，可以过滤太阳投射出来的光线，从而保证地表生命的安全。因此，可以说，这个臭氧层就是地球的遮光板。如果没有它，地表生命将会遭受紫外线的侵害。

以前，地球机器也发生过异常，每次异常都给人类带来了巨大的灾难。

1925年1月，位于太平洋附近的一股叫作"厄尔尼诺"的暖流在前往南美洲海岸的行程中突然比往年多走了很长一段路程，这次异常的行程最终酿成了一系列灾难。

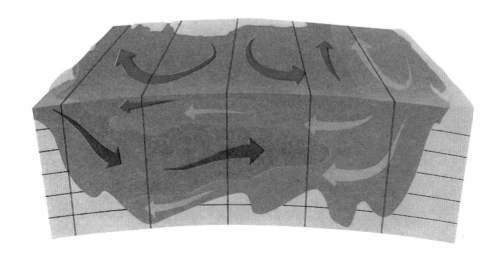

首先，生活于浅海区域的微生物因为受不了过高的水温而开始大量死亡。接下来，以这些微生物为食的上一级消费者——海洋鱼类因为缺少食物也开始死亡或者迁徙。再接着，以这些鱼类为生的海鸟也开始死亡或者迁徙。

不仅如此，这股暖流所带来的潮湿空气被风吹到了陆地上，不久陆地上便出现了瓢泼大雨，并形成了洪涝灾害——洪水淹没了城市，摧毁了房屋，吞噬了无数生命。而这起灾难的起因竟是地球上一个小到可以忽略不计的零部件出现了异常。

还有一个与之相似的案例。1912年，位于阿拉斯加的卡特马伊火山爆发，凝固的岩浆堆满了附近的海域，漂浮于高空中的火山灰被气流带到了东方。它途经北美洲、大西洋和欧洲，最后包围了北半球的大部分区域，像一条巨大的被子一样覆盖了北半球。由于这条"被子"挡住了射向地面五分之四的太阳光，使得这一地带几乎暗无天日。直到1914年，这条"被子"才完全散开。在此期间，北半球一直被阴暗与寒冷所侵袭。

地球机器的每一次异常运转，都会在人类生活中体现出来。比如江河比往年解冻早了，那么人们就不得不赶紧清理河道，以让河水顺畅通过，船员们也得赶快准备物资准备起航。农夫和果园主们一看江河解冻得早，就知道需要提前准备当年的耕种工作了。但是，如果北极气团使得春天比往年来得晚，冷空气就有可能将树木冻死。

几千年来，人类通过对大自然的研究，已经掌握了大自然活动的基本规律和法则。目前，人类正在探索着更好地管理和保护大自然的方法。

［苏联］米·伊林

种子的萌发

对于那些正在生长的树木，我们要细心照顾它们。

橡树的果实外面包裹着一层厚厚的皮，看上去就像石头一样。落在地上的橡树子，摸上去硬硬的，看上去没有丝毫生机。但这只是它的外表，大家千万不要被它这种了无生机的外表所迷惑。实际上，橡树的果子是有生命的，就像蛹一样，需要经过漫长的冬眠期才会孵化出蝴蝶来。在孵化蝴蝶的过程中，蛹是一个必经的沉寂阶段。树木也是如此。

橡树子也只是看上去比较安静，它的内部始终涌动着生命。在橡树子胡桃般坚硬的外壳中，有许多工作在忙碌地进行着，只是我们看不见罢了。

外皮与硬壳就如同一个坚固的堡垒，让眠卧其中的胚胎免遭灾害和无敌的侵袭。如果没有坚硬的外壳，种子很可能在土地里就已经烂掉了，也有可能被虫子和小鸟吃掉了。

在坚硬的堡垒中储存着丰富的食物，那就是脂肪和蛋白质。胚胎睡醒后，需要充足的水分和食物，以使自己发育。水要想渗进堡垒里面可不是一件容易的事情，假如堡垒没有通道，胚胎就不会有充足的水分。

最近几年，学者在研究胡桃的结构的时候，发现了一个重大的秘密，那就是胡桃核上有许多肉眼看不出来的小孔。除了胡桃核之外，樱桃核、杏核、扁桃核和苹果籽上都有这样的小孔。这些小孔便于水这个好朋友出入。所以，种子是不会担心缺水的。

种子吸收了水分后，胚胎就会慢慢膨胀。等种子吸收了足够的水分后，那层坚硬的外壳就开始软化了。这个时候堡垒中储存的那些脂肪和蛋白质也慢慢地转化成了淀粉，这样易于被胚胎吸收。但是，这个转变并不是一蹴而就的，而是需要很长一段时间，至少需要几个月。如果我们没有耐性仔细观察种子的变化，可能就会认为种子不会发芽了，或许还会因此而不耐烦。其实，这个过程之所以缓慢，无非是

由于下列原因：供给胚胎的食物尚未准备好，果壳不够软，芽儿的力量还不能突破包裹它的坚固堡垒，经由细密小孔进去的水分太少等，所以胚胎才会发育得比较慢。

于是，那些没有耐性的人就会想了：这个过程太漫长了，有没有什么办法可以提前唤醒胚胎呢？可以人工干预吗？

那些松树或者桦树的种子，生长发育的过程就比橡树快得多，所以不用着急，等春天一到，它们就会发芽。而针叶枫或菩提树的种子发育的过程就比较漫长，今年春天播下的种子，到来年春天的时候才能发出芽来。当然，也会有这样一种情形，那就是地上的种子从来就没有醒来过，它们无声无息地在睡眠中死去了。所以，要想让种子发芽，就需要及时唤醒它。

那么，我们应该如何播种呢？难道就看着它悄无声息地死去，或者让它一直藏在胚胎里面而不是快点儿长出来吗？要想让种子健康成长，人们就应该在种子苏醒之前进行一些必要的干预。

要想干预种子发育的进程，就需要充分了解种子成熟所需要的条件。

首先，水分是必不可少之物，所以一定要想办法给种子提供充足的水分，将它们与潮湿的砂土混合在一起就能解决这个问题，然后我们需要时不时地往砂土上洒洒水，并搅拌一下。

其次，因为种子也需要呼吸，为了保证空气充足，我们可以把它们和砂土放在设有通风气孔的箱子里，这样还有一个好处，那就是能保证它们不会被鸟吃掉。

最后，种子的成长需要适宜的气候，它们可不是在哪里都能发芽生长的。北方的种子，已经适应了在寒冷的气候中生长；南方的种子，则适应了在温暖的气候中生长。因此，不能将它们的生长环境互换。为了照顾好它们，我们应该充分熟悉种子的特性。

为了保护好橡树子，我们需要在冬季来临前将它们放在地窖里，这也是为播种而做的准备。地窖中不冷也不热，很适宜橡树子生长，而且还能满足种子发育所需要的湿度条件。等到春天来临时，我们就可以把橡树子从地窖里取出来了，因为那时，它们已经具备了发芽的实力。

[法国] 法布尔

花粉

　　花朵绽放后鲜艳不了几天，有的甚至在几个小时内就会枯萎。紧接着，雌蕊、雄蕊和花托等就会干枯死亡。不过，有这样一种东西是不会死的，它就是在未来会变成果实的子房。

　　子房为了使自己比花朵的其他部分活得长久，同时也为了永远地留在茎上，在花朵开得最鲜艳的时候，它悄然孕育了一个生命。此前，花冠那傲人的外形、鲜艳的颜色和沁人心脾的清香，仿佛都是为了庆祝这个神圣而庄严的时刻的到来。当花朵把生命输送给子房以后，花儿也完成了自己的使命。

　　花儿的雄蕊上有一层黄色的花粉，就是它增加了生命力。如果没有花粉，即便是正在生长的种子也会枯萎，并最终夭折在子房里。花粉从雄蕊上传播到雌蕊上，

雌蕊上面覆盖着一种黏汁，可以用来黏住来自雄蕊的花粉。在雌蕊上，花粉起着一种神奇的作用，它能使正在生长的种子迅速发育，子房也快速长大，以便给新生命提供成长的空间。在这段时间中，果实不断生长，它的里面还蕴藏着一颗新种子，来年将这颗新种子种进土

壤，就会长成一株新植物。关于这个神奇的过程，即便是非常敏锐的观察者，也未必能观察得很透彻。

既然子房发育成果实必须有花粉跌落到雌蕊上，那么人们是怎样发现这种现象的呢？

在自然界中，大部分花朵里面既有雄蕊，又有雌蕊，但也有一些植物，要么只有雄蕊，要么只有雌蕊。如果同一株植物上雄蕊和雌蕊都有，那么这株植物就叫作"雌雄同株的植物"，就是指一株植物的花有雄蕊，也有雌蕊。自然界中，西瓜花、南瓜花等都属于雌雄同株的植物。

如果雄蕊的花和雌蕊的花分别生长在两株植物上，那么这种植物就叫作"雌雄异株的植物"，这样，子房和花粉也就不在同一株植物上。在自然界中，像皂荚树、大麻和枣树等都属于雌雄异株的植物。

皂荚树是一种南方的植物。它的果实又长又胖，很像豌豆，颜色为褐色。这种果实不光有种子，还有味道发甜的果肉。如果气候适宜，想在花园里种皂荚子的话，应该选择种哪一种皂荚树呢？当然是种有雌蕊的了，因为它拥有将来可以变成皂荚的子房。但是，如果只种这种树，虽然每年都会开出繁茂的雌蕊，但是因为没有花粉，花朵终归会凋谢，不会留下一个子房，也就结不了皂荚。其实，要想解决这个问题很简单，只需要在有雌蕊的皂荚树近旁再种上一株有雄蕊的就行了，这样，等皂荚树开花的时候，风儿和昆虫自会将花粉从雄蕊中传到雌蕊中，雌蕊便会活跃起来，皂荚树也能茁壮地成长。

　　我们再来看看枣树。枣树原为阿拉伯人所种植，他们以枣树上结的果实作为主食。枣树和皂荚树一样，也是雌雄异株的植物。枣树耐旱，一般生长在太阳炙烤严重的沙漠地带，在水源充足、土壤肥沃的地方反而难觅其踪影。因为沙漠中那些有水和沃土的地方，被称为"绿洲"，是需要尽量利用的。阿拉伯人只种植有雌蕊的枣树，因为这种树会结枣。当它们开花的时候，阿拉伯人便跑到很远的地方去寻找有雄蕊的野枣树，将雄蕊里的花粉摇落，并撒到雌蕊上。如果他们不这样做，就别指望会有收获。

　　再比如南瓜花。前面已经提过，这是一种雌雄同株的植物。在花儿还没有完全开放时，很容易辨别雌蕊和雄蕊。因为雌蕊的花冠下面有一个鼓起的、像核桃一般的膨胀物，而雄蕊却没有。这个膨胀物就是子房，也就是将来的南瓜。

　　在南瓜花还没有完全绽放时，人们摘去所有的雄蕊，只留下雌蕊。为了稳妥起见，可以用细纱布将雌蕊包裹起来。包花的纱布应该足够大，以保证花儿将来能够完全绽放。你知道接下来会发生什么吗？由于雄蕊被摘去了，雌蕊也就不能被授粉了，再加上它们的外面还包裹着纱布，从附近飞来的昆虫也无法将花粉带给它们。这样，雌蕊过不了多久便会枯萎，藤条上也结不出南瓜来了。

　　读到这儿，你可能要着急了：如果想让藤条结出南瓜，该怎么办呢？

别着急，办法总比问题多。你可以从摘下来的雄蕊中，取下一些花粉，将它们轻轻撒在雌蕊的柱头上，然后再用纱布轻轻地将这朵花包起来，这样藤条上就能结出南瓜了。

当然，上面讲的纯属人为干涉，对此感兴趣的朋友可以到自家的菜园里试验一下。在正常情况下，花粉会用很多方法到达柱头。有时候，雄蕊会因为自身太长太重而落到较短的雌蕊上；有时候，风会把雄蕊的花粉末吹到柱头上，甚至带到很远的地方去滋养别的子房。

有许多花的雄蕊长得刚好可以完成它们的使命。它们不断地弯下腰去，把自己的花粉袋弯到柱头上面，然后将一些花粉卸在那里，最后再慢慢地升起来同雌蕊分离。雄蕊就好像是一群大臣，它们忠心耿耿地环绕在雌蕊这个国王的周围，殷勤献出自己的供奉。等供奉完了，雄蕊也就失去了价值。花谢了，子房成熟了，结出了香甜诱人的果实，就这样，雄蕊终于完成了神圣而伟大的使命。

这就是花粉的故事。大家可以到花园中、菜地里去做一下实验，体验一下大自然的神奇。

好奇千千问

问. 子房都长在花被和雄蕊的下面吗？

答. 不是的。有些植物的子房长在花被和雄蕊的上面，如十字花科、龙胆科植物等；有的子房长在其下面，如菊科、鸢尾科、葫芦科植物等；还有一种，子房有一半左右与杯状的花托或者花管相贴而生，如虎耳草科植物等。

[法国] 法布尔

果实

　　我们平时看一个人时，往往会先留意他所穿衣服的材质。而我们要想认识花，也只有等它戴上花冠、披上花托后，才能观察得更细致。而在花瓣包裹之中的，又是什么呢？

　　我们还是一起先来看看香紫兰花吧。它的花托由四瓣萼片组成，花冠由四片黄花瓣组成。如果去掉萼片和花冠，那么剩下的就是香紫兰花最核心的部分了。对于这部分，我们应该好好观察一下。

　　我们会发现有六根小白梗，这六根小白梗就是雄蕊。在很多花中，或多或少地都存在这种小梗。香紫兰花的这六根小梗中，有四根比较长，成对地排列着，还有两根比较短。雄蕊顶上有个装满了黄色粉末的袋子，叫作花粉袋。袋子里所装的粉末就是花粉。紫罗兰、百合花等植物的花粉是黄色的，而罂粟花的花粉则是灰色的。在花儿绽放的季节，森林中有时候会刮起花粉风，但是很多人误认为这是在下硫黄雨。

　　如果把这六根白色的雄蕊都拔去，就只剩下了一个底部凸、顶部窄、上面结了一个又黏又湿的头的部分。这个部分叫作雌蕊，凸起的底部叫作子房，顶部那个又黏又湿的头则是柱头。

　　如果用一把小刀把香紫兰花的子房剖为两份，就能看到里面整齐地排列着一些小颗粒。这些小颗粒在未来将会

成为种子，所以说子房就是植物制造种子的地方。花儿会凋谢，花瓣会干枯，花托只是一个暂时的保护者，雌蕊最终也会枯萎，只有子房会慢慢长大、成熟，最后结出果实。

苹果、梨、桃子、杏、樱桃、草莓、栗子等植物，刚开始的时候都会有一个很小的向外凸起的雄蕊，子房里有胚珠，胚珠受精后会发育成果实。

另外，你知道哪种植物可以制作面包吗？

那就是世界上普遍种植的小麦。小麦可真是一种很宝贵的农作物，它身负养育全世界生命的重大使命。它非常朴素，不喜欢装饰自己：只有两枚可怜巴巴的叶片，也就是它的花托和花冠。每一株上有三根竖起的雄蕊，上头有装有花粉的"香袋"。相信大家很容易就能辨认出小麦的主要部分，就是它那樽形的子房，里面孕育的就是麦子。

就是这一株株不起眼的小麦，在默默地供养着全世界的人，大家一定要尊重它！

[法国] 法布尔

菌类

　　菌类植物是自然界中普遍存在的一种生物，一般生长于林间的地面上。我们所熟悉的菌类植物，下面都有一根柄，支撑着上面的"帽子"。菌类植物因味道鲜美、营养丰富而为人们所喜爱。但是，菌类植物分为两种，一种是有毒菌，可以致人于死地；另一种是食用菌，可以成为我们的美餐。为了保证饮食的安全，我们有必要知晓一些关于有毒菌和食用菌的知识。

　　首先，如何才能区分有毒菌和食用菌呢？

　　老实说，至今还没有人能够给出一个衡量的标准。我们不能从土地的性质去判断，不能从菌类生长所依附的树木去判断，也不能从它们的颜色、形状和气味去判断。只有一个对菌类潜心研究多年、具有精密的科学分析力的人才能分辨有毒菌和食用菌。

　　接下来，可能有人要发问了：在很久以前，不就已经有人分享了辨别菌类的经验了吗？

　　是的，差不多每个地方都有这种经验的传承。按照经验行事，并不是一桩坏事，因为先人的经验在很多情况下是有助于我们行事的。但是，这样做并不能让我们规避掉所有风险。如果你在一个新的地方碰到了一种菌类植物，而这种菌类植物和你之前所熟知的菌类植物看上去很像，这时若依照经验行事就会非常危险。所以，对于一切菌类，都必须慎重对待。

　　也有人认为，到了秋天的时候可以把菌类切割成小块，然后放在太阳底下晒。如果是有毒菌，过不了多久便会腐烂。这样就能筛选出食用菌，作为冬天时的美食了。其实，这种观点也是不对的，因为菌类是否有毒性和它所生长的环境有密切关系，而菌类的腐烂与否则同气候的干燥与否有关。所以，不能用这种方法来辨别菌类是否有毒性。

也有人认为，虫子会蛀蚀的菌是食用菌，因为虫子不敢去碰有毒菌。其实，这个方法也不靠谱。因为无论是食用菌还是有毒菌，虫子

都会去取食。对于它们来说，吃点毒物没有多大关系。有些虫子还专门吃乌头、颠茄呢。

还有人说，在烹煮菌类的时候，可以放一把银匙进去。如果有毒，银匙便会变黑；如果无毒，银匙就不会变色。这种说法就更不靠谱了，因为不管是在煮食用菌的水中还是在煮有毒菌的水中，银匙的颜色都不会发生任何变化。

其实，不管是什么菌类，它的菌肉都没有毒，有毒的是它身上的汁液。如果把这种汁液去掉，毒性也就不复存在了。我们可以将菌类切成小块，撒上一把盐，放进沸水中煮。然后，将菌类捞出来放进过滤器里，再加入冷水过滤几次。做完这些，就可以放心地食用了。

在实施以上步骤的过程中，撒盐是很关键的一步，因为把菌类放在盐水中煮是很有效的解毒方法。如果我们没有在煮菌类的沸水中加入盐，就会有中毒的危险。有人为了证实这个观点的正确性，勇敢地吃了几个月的有毒菌。当然，这样做时，一定要注意完成好每一个步骤，确保将菌类煮透。如果切实做好这些步骤，毒菌就不会惹出祸端了。

如果你在野外采摘到了新鲜的菌类，为了确保生命安全，一定要记得先用以上方法把它处理一下再食用。

[苏联] 米·伊林

树木学校

　　树苗在苗圃中经过培育能够健康地生长起来，这已经不算什么新鲜事了。在苏联的很多果园和街道上，有很多枫树、苹果树和菩提树就是通过在苗圃中育种成长起来的，它们是"树木学校"的毕业生。"学校"一词你们可能听着比较有趣，这是林学家作的一个形象的比喻。在森林苗圃中，既有帮助种子发芽的"幼儿园"，也有培育树苗成长的"树木学校"。只有这样，一颗种子才能长成参天大树。

　　在"幼儿园"里，那些表现非常出色的幼苗会被挑选出来，移植到"树木学校"去进修，在那里长成一棵棵树木。

　　当然，也可以将那些幼苗直接送到草原，这主要是针对那些长势非常好的幼苗来说的。

　　在森林苗圃中，林学家非常关心种子的长势，像照顾小孩一样地照顾它们。这些小树一行行、一列列地整齐排列着。林学家之所以这样做，是为了方便育种的人观查和照顾幼苗，同时避免他们无意中踩踏到幼苗。

　　像人一样，小树也会感染疾病。为此，工作人员会给树种打疫苗，即在土壤里面洒上消毒药水。否则，如果有一棵小树苗感染上了疾病，其他小树苗很快也会感染上，最后整个苗圃的树苗都会因此而死亡。工作人员洒的药水只会毒死土壤中有害的病菌，对小树并不会造成不良影响。当然，小树也有同盟，那就是一些菌类植物，它们是小树的亲密朋友，往往生活在橡树或者松树的树根上，并在上面缠上一层白色的菌丝，帮助树根从土壤中充分吸收养分。经常在苗圃中工作的人都知道这一点，于是，他们在播种之前，会在种子的洞穴中放一些适合菌类植物生长的土壤，使它们和小树共同成长。

　　人们常说："心急吃不了热豆腐。"林学家知道，在培育小树时，急于求成是没有任何意义的。因为这样不仅不能节省时间，反而会浪费很多时间。当然，有积极性是一件好事情，比如它可以加快铁路开通的步伐，可以提高机器工作的效率。

　　人们已经摸索出了很多有利于树苗快速成长的方法。有林学家发现，用泥土、腐烂的野草与树叶等制成的复合肥的养分比较均衡，可以让树苗长得更苗壮。学者经过研究发现，这些复合肥料中含有一种能使树苗快速生长的细菌，在播种之前预先在土壤里放置这种细菌，能有效地促进树苗成长。

　　为了提高植株的成活率，有的学者采用了插枝的办法，可是很多植物压根就不会生根，或者在插枝以后难以存活下来。为了解决这个问题，学者在实验室中研制出了一种神奇的溶液——"生长液"，将它用在杨树和柳树的插枝上就可以使这些插枝存活下来。于是，人们在把这些树枝插入土壤中之前，会先将它们用"生长液"处理一下。这样，这些树枝日后就能长出茂盛的枝叶，快速成长起来。

　　橡树子在生长时，会长出一条很长的、深入地下的根。要想使橡树长得又快又好，让它只向深处扎根远远不够，还得让它的根向四周伸展，这样才能使橡树吸收

更多的养分。如果橡树的根只是一味地向深处长，就会出现植物学家所说的"顶端优势"的情况。为了防止这种情况的发生，人们通常会用铲子将橡树的根铲掉一截，促使其向四面八方发展。

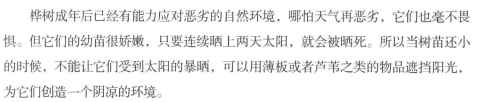

另外，要想让橡树长得既快又好，还需要在土壤中给它添加肥料。同时，水分也是必不可少的。如果长时间没有下雨，就要及时为小树浇水。

桦树成年后已经有能力应对恶劣的自然环境，哪怕天气再恶劣，它们也毫不畏惧。但它们的幼苗很娇嫩，只要连续晒上两天太阳，就会被晒死。所以当树苗还小的时候，不能让它们受到太阳的暴晒，可以用薄板或者芦苇之类的物品遮挡阳光，为它们创造一个阴凉的环境。

一些害虫和哺乳动物，比如甲虫、羊、牛、田鼠等是小树在成长期最怕遇到的。山羊很喜欢吃桦树幼苗的叶子。要想防止桦树被山羊吃掉，就需要在桦树周围设上一圈栅栏，阻挡山羊靠近，但是这种办法阻挡不住田鼠和甲虫。

不过，人类总是有应对之策，比如用诱饵诱捕田鼠；在苗圃的四周挖掘一条小沟，往里面灌入一些水；在沟底掘几口井，将沟坝弄陡一些，这样甲虫就无法靠近小树，也就无法去咬噬小树的根了。有了这些防护措施，小树在生长期间就会免受很多袭击和灾难。

培育小树是一件艰难复杂的事情，许多农民与学生都参与了这项工作。在这个过程中，当发现新问题时，他们会一起讨论解决的办法。移植树苗时，为了防止树苗的根系受到损伤，要使用一种特别的铲子。人们将树苗挖出来后，首先会认真检查一下它们是否患有传染病。接着，按照树苗的高度或者树根的大小将树苗进行分类。最后，把它们扎成一捆一捆的，用汽车、轮船或者火车运送到需要它们的地方。

[苏联]米·伊林

有生命的建筑物——森林

　　建造森林并不是一件容易的事情，其过程非常艰辛，因为森林是一个有生命的建筑物。人们在栽种树木的时候并不会感觉到它们之间有任何关联，但其实它们之间是有密切关系的。这种关系有可能是友好的，也有可能是敌对的。

　　曾经读过《森林学》这本书，书中所讲的知识很新鲜，讲解也深入浅出。书中说，在森林里，树木之间并不是孤立的个体，它们之间常常会进行各种竞争。而这得从人们身上找原因。原来，人们在开发森林时，砍伐了那些高大的树木，留下的通常是矮小的树苗。要知道，这些小树苗是非常娇气的。以前，霜降的时候，由于有大树的遮挡，小树苗不会受到任何伤害。但大树被砍伐后，小树苗就得直面严酷的霜降了。可是，脆弱的它们哪里能够抵御霜降的寒气呢？结果只能是很快便败下阵来。

　　不过，凡事都具有两面性，有利就有弊。大树被砍伐之后，芦苇快速生长起来。这时，支援大树的部队赶来了——白杨树和桦树的种子随风空降到这片区域，很快便占据了地盘。种子落地生根后，很快就发了芽，生长速度非常快。在白杨树的树冠还没有形成繁枝密叶之前，地面上的芦苇等植物也蓬勃地向上生长，但当树冠完全形成后，阳光就无法直射地面了，因此森林里显得很阴暗。芦苇受不了这种环境，渐渐地就会枯萎而死。再后来，芦苇的枝干就会和树叶一起腐烂，从而成为树木的养料。

这个时候，由于地面上铺满了芦苇，而且茂盛的树冠也阻挡了绝大部分寒霜，所以土壤不会由于寒冷而冻住。高大的树木向上长到一定程度后，就会停止生长，而长在它们旁边的小树还需要继续生长。于是，小枞树慢慢地就会长高，因为它们属于喜阴植物，黑暗的环境并不能阻止它们的成长。等枞树长到和杨树一样高的时候，枞树就会用各种方法与杨树和桦树竞争，冲出与它们交错在一起的树冠的包围，然后用自己的树冠将它们遮蔽起来。从此，杨树和桦树就一蹶不振了，因为它们无法适应黑暗的环境，慢慢地就会枯萎。于是，枞树当仁不让地成了森林中的新主人。

从上面的例子我们可以看出，森林并不像我们想象中那样宁静，有些树木在一起时能和平共处，而有些树木在一起时则充满了明争暗斗。对于这些，我们要认真研究。森林学家种植树木时，有时会把榛树和橡树种在一起，有时又会把橡树和枫树种在一起。原来，森林学家是根据树木的特性做出这些决定的。他们认为，这样搭配着种树能够更好地利用树木各自的特性，促进它们更好、更快地成长，从而达到令人满意的效果。

为了检测各种树木对土壤环境的适应性，森林学家几乎在每寸土地上都做过实验。他们在沙地上种植了桦树，希望它能够适应沙地，但是结果却表明，桦树根本就不能在沙地上存活下来，因为水分都被吸到沙土下面去了；而桦树的根系是横向生长的，这就使它无法将纵向的水分吸上来，因此也导致它不能在沙土上生长。松树则可以在沙土上生长，它能够适应各种土壤环境，因为它的根系是向四面八方延伸开去的，所以无论水分储藏在土壤中的上层、中层，还是下层，都能被松树的根系吸上来。

橡树被人们称为"生命之王"，它在很多土壤中都能存活，除了盐碱地，这是因为橡树无法吸收含有盐分的水。而盐分是可以吸附水的，土壤中的水分都被盐分吸收了，所以盐碱地看上去总是很干旱、寸草不生的样子。即便植物能吸收含有盐分的水，最终也会造成植株脱水并干枯的。

还有一种植物，可以用"奇迹"二字来形容，因为它可以在盐碱地里生存。这种植物就是怪柳。在森林中，它以一种很特殊的方式生存着，连橡树和枫树无法生活的地方，它们都能很好地生长起来。

树木和土壤二者之间是相互依存的。很明显，树木依赖土壤而生存，但其实土壤也是非常依赖树木的。

举个例子来说，森林与灌木二者之间是相互依存的，灌木丛把小树包围了起来，小树为了摆脱灌木的压制就会使劲地向上生长，所以人们形象地称灌木为"催生婆"。

其实，"催生婆"给森林带来的好处并不止这一点，它还能帮助树木和野草作斗争。野草会与树木争夺阳光和水分，小树得不到均衡的营养，自然没有办法生存。灌木的存在则使得野草终日见不到阳光，因而草也就生长不起来了。如果没有灌木，森林中可能将会是遍地的芦苇。

对于森林来说，灌木的存在还有另外一个好处，那就是许多鸟都会在灌木丛中筑巢，而鸟会吃掉以树叶为食的毛毛虫，从而帮助树木健康地成长。另外，老鼠喜欢藏身于有杂草的地方，它会吃杂草的嫩芽，从而阻碍其生长。

上述信息，有建造森林的计划的人需要充分了解。所以，在科学考察队中，就会有各种各样的专家。

例如，昆虫学家就需要提前弄清楚，树木将会遇到哪些有六只脚的敌人。而鸟类学家就需要确定哪些鸟能帮助树木与昆虫作斗争，并且怎样才能使这些鸟住进那些刚建成的森林中。森林中，除了有那些喜欢在灌木丛中筑巢的鸟，还有一些喜欢生活在空心树中的鸟。可是，刚建成的森林中是没有这些空心树的，于是，人类就需要为这些鸟建造一些人造的"空心树"，作为这些鸟的巢穴。

椋鸟自古就是人类的朋友。高温季节来临的时候，当看到人类为它特意准备的"避暑胜地"，椋鸟的内心欢喜不已。但在敞开的门洞面前，椋鸟又心生怀疑了：是不是已经有别的鸟入住了？接下来，经过一番察看，椋鸟发现这个树洞并没有主人，于是它就钻进洞内，把它当作自己的小窝开始收拾起来。很快，它就从洞里飞了出来，停在附近的一棵桦树的树枝上，悠闲地梳理起自己的羽毛来。对于周围的一切，它似乎感到满意极了。自己的"避暑胜地"既方便又实用，洞口做得很高很安全，下雨天也不用担心漏雨。万一有猫之类的动物想从洞里抓鸟吃，也不用担心，因为它们的爪子根本就伸不进去。巢穴的选址也很好，距离水池非常近，便于椋鸟取水喝。而且，这里还住着很多邻居，椋鸟喜欢和朋友们住在一起。

"避暑胜地"还没有收拾过，里面有很多杂物，但是椋鸟很耐心，它一趟一趟地将它们往外面衔。等终于收拾好的时候，椋鸟就会飞到最高的桦树枝上，扇动着美丽的翅膀，唱起动听的情歌："亲爱的，快来吧，一切都已经准备好了！就等你了。"等小鸟孵出来后，椋鸟就没有时间和精力去唱歌了。因为这个时候椋鸟只关心一件事情，那就是照顾好自己的孩子。椋鸟在照顾孩子时，常常因为四处觅食而疲惫不堪，有时甚至会累得从树上跌落下来，这也是没有办法的事，因为小鸟需要充足的食物才能成长。

椋鸟不仅关心自己的后代，还会帮助人类：它们会捕捉菜园、果园、森林中的害虫，让农作物和植物免遭侵害。另外，森林中的山雀、兔子、梅花鹿等动物，同样也是人类的好朋友。

但也有一个让人们感到头疼的问题，那就是鸟类都喜欢住在自己的祖祖辈辈生活过的地方。所以，每当春天来临时，都会有成群结队的鸟儿越过海洋、穿过陆地，不辞辛劳地飞行数千里，为的就是飞回自己的老家去。

对于新造的森林，鸟儿是不会把那里当作自己的家的。那么，怎样才能使它们在那儿"安居乐业"呢？

为此，人们想出了一个高明的点子：把梅花雀的蛋放在它们的亲戚——麻雀的巢里。对于这些"弃儿"，麻雀肯定不会丢弃不管的。于是，秋天的时候，小梅花雀会飞到南方去过冬，到了春天，它们就会飞回这片新造的森林中了。

建造森林之前，森林学家首先应该考虑的问题是：应该用哪种灌木和树木来造林呢？

要想回答这个问题，首先需要了解森林和草地之间的关系，它们之间不能相互冲突、相互损害，而应该互帮互助，相互依存。

为了寻找这个问题的答案，人们还需要进行试验。而且，要想让这个试验的结论可靠并且经得起时间考验，拿来做试验的就不能是几棵树，而应该是整片森林。

　　幸运的是，经过多年的试验，森林学家已经摸索出了造林的方法。他们在贫瘠的草原地带，种植那些耐旱、对土壤适应能力强的树木——橡树。为了使橡树生长得更好，在每棵橡树的周围，森林学家都安排了一些它们的好朋友——灌木来陪伴。灌木的存在非常有利于橡树的成长，比如，灌木能使橡树见到阳光，能保护橡树免遭春寒和草类的侵害，还能使土壤变得肥沃起来。当然，最重要的一点是，灌木永远不会"压制"橡树，橡树可以"释放天性，尽情生长"。

　　此外，森林学家还将针叶枫和菩提树这两种喜阴的树木和橡树种在一起。只要种得不是非常近，它们不仅不会遮住阳光，反而可以妨碍野草的滋生，给橡树创造良好的生长环境。

　　试验证明，采用这种种植方法建造的森林，既齐整又茂盛。从森林上空俯视，橡树被枫树树冠所覆盖。地面上，根本就看不见野草的踪影。人们踩着落叶穿行其中，除了感到阴凉的空气，还能闻到一股霉菌的气味。这可真是让人感慨，人类竟然在黑风暴和干热风盛行的地方，建造了一个面积达3000多万平方米的森林带。如今，这里生长着许多50~100年树龄的树木。

　　直到今天，这种把橡树、枫树和灌木放在一起种植的方法还在被广泛采用着。

问. 文中说柽柳能在盐碱地里生存，那它能在条件艰苦的沙漠里生存吗？

答. 　　能。柽柳是一种能适应沙漠干旱环境的树木，这是因为它的根系长达几十米，可以吸到深层的地下水。除此之外，柽柳还不怕被流沙埋住，因为它的枝条可以顽强地从沙子中拱出来，继续生长。

[苏联]米·伊林

如果植物会说话

从古至今，人类一直在和大自然作斗争，不仅改造森林、田地、沙漠与平原，连植物的生存状态和本性也不放过。有位叫米丘林的科学家就明确提出了要对植物进行改造。米丘林是苏联著名的园艺学家和植物育种学家。如果你第一次读米丘林的著作，肯定会被其中多彩的照片所吸引。其中有这样一张照片，上面有各种颜色的樱桃，你会想到这是一张樱桃的"全家福"吗？这上面有酸樱桃、鸟樱桃和赛拉帕都斯樱桃。如果你仔细观察，就会发现酸樱桃和鸟樱桃是"家长"，赛拉帕都斯樱桃则是它们的"孩子"。

为了培育出新品种，米丘林进行了多次试验，最后终于取得了成功。之前，他曾经培育出一种酸樱桃，他称之为理想樱桃。这次，他用日本樱桃的花粉往理想樱桃的花上授粉，待授粉成功后，他把种子种进了地里。等种子发芽长成一棵小树后，他把树芽切下来，嫁接到一棵已经5岁的甜樱桃树上进行培育。这个流程比较复杂，有点儿类似于现在的试管婴儿。

米丘林用很多植物进行杂交实验，然后将得到的新品种放到另外一种植物上进行培育，这样，他就使自然界多了一个新的品种——一个由人类创造的更有价值的品种。这个新品种既不是鸟樱桃，也不是酸樱桃，米丘林给它取了一个新的名字，叫赛拉帕都斯樱桃。赛拉帕都斯樱桃和酸樱桃一样大，和鸟樱桃一样一串一串的，并且十分酸甜可口。

在米丘林的著作中，还有一张看起来颜色非常鲜红的果实的图片。如果你看到这张图，肯定会被吸引住的。那么，这是什么果实呢？

这种颜色鲜红的果实就是餐用花椒，它是用花椒和波斯山楂培育出来的。这也是米丘林的一个杰作。花椒的味道本来是苦涩的，但是它和波斯山楂"生出来"的果实却像糖一样甜。于是，他为这种甜果实取名为"食用花椒"。

翻看米丘林的著作，你的心头一定会冒出很多疑问：他为什么喜欢让这些本来没有联系的植物"联姻"呢？对于这个问题，如果你深入阅读米丘林的著作，肯定会找到答案，明白米丘林此举的深远意义的。

在还没有出现杂交品种之前，植物都是按照自己的天性生长的。就拿花椒来说吧，虽然每年它的枝头上总会挂着很多红灿灿、沉甸甸的果实，可成年人从来不会理睬这些果实，只有鸟儿和有好奇心的孩子才会去吃它们。要想吃到口感好一些的花椒，必须得等到深秋时节，因为那个时候花椒的果实已经被霜打过了，味道也就不会那么苦了。

通常，果园的边缘地带会长有花椒树，虽然它们长得很茂盛，但果园的管理者从来就不拿正眼瞧它们。在他们眼里，花椒就和杂草一样，对人类没有一点用处，长得越茂盛反而越浪费土地。

不过，米丘林可不这样想。他认为，任何植物都是在漫长的历史过程中经过自然选择存活下来的，因此它们的存在必定都有着重要意义。米丘林或许曾经这样想过：既然大自然一直都在改变植物，那么人类是不是也可以使一些野生植物发生改变呢？

物竞天择，适者生存。在这个过程中，优良的品种会迅速成长，不适应环境的品种则会慢慢地被淘汰。比如热带雨林中的植物，长得快的能更充分地受到阳光的照射，从而更茁壮地生长。而长得慢的就得不到充足的光照，从而陷入恶性循环，结果不是由于无法繁育后代而死亡，就是变异成另一个品种。

再比如我们今天看到的果树。千万年前，它们肯定不是这个样子，也许那时它们比花椒还难吃，而且也开不出花。可是，那些变异成有花朵的植物被动物传授花粉的概率很大，它们结出果实的概率也大。而那些结出可口果实的植物，自然能吸引更多的昆虫为它们播撒种子，这样，它们便能一代代地繁衍下来。

也许大自然也能改变酸樱桃和花椒的性质，但如果坐等大自然来做出这种改变

的话，或许要等上几万年，甚至几百万年。作为高等动物，人类拥有很强的创造能力，有能力去改变植物，加快它们改变的步伐，为什么要苦苦地等待大自然去做出改变呢？

　　米丘林就是一个实践者，他对于植物有自己的想法，而且他迫切地想让自己的想法成为现实。他希望樱桃、花椒和山楂每年都能结出可口的果实，成为受欢迎的优良树种。为此，他查阅了很多相关书籍，并思考了很多关于物种杂交的方法。米丘林的脑子里有很多想法：如果把抗寒的品种和一年四季都能结果实的品种进行杂交，是不是就能得到一年四季都能结果实的抗寒植物呢？把果实苦涩的物种和果实甘甜的物种进行杂交，结出的果实是不是就不会那么苦涩了？这些想法萦绕在米丘林的脑海里，激励着他不断进行试验，最后他终于成功地研制出了一个新品种——食用花椒。这样一来，小鸟和孩子们就能吃到口感甘甜的花椒果子了。

　　米丘林并没有因为取得了一点成就就止步不前，他继续大胆地设想：既然花椒不怕北方的严寒，那么能不能让它适应西伯利亚一带极其寒冷的气候呢？功夫不负有心人，米丘林大胆地设想，细心地求证，终于发现花椒中一些矮小的品种在严寒地带也能存活。

　　面对自然界富饶的资源，米丘林经常用主人翁的姿态和眼光来看待大自然的植物。米丘林常常想：远方会有一些什么植物呢？更远的地方又会有一些什么植物呢？带着这些问题，米丘林在位于苏联边境地带的一处密林里发现了一种罕见的植物——猕猴桃。

猕猴桃有时攀附在高高的树枝上，有时缠绕在低矮的灌木丛中，有时又蔓延在林间的空地里。猕猴桃的果实密密麻麻地挂在藤条上，看上去就像一串串铃铛，吃起来清甜爽口。但当米丘林询问当地人市面上是否卖这种猕猴桃时，他们都回答说没有。而且，在那些研究果树的专家中也很少有人知道这种植物。

后来，米丘林收到了一个邮包，是一个边区的军官寄给他的，上面印着"埃霍邮局"，邮包里面装的正是猕猴桃的种子。

经过多次试验，米丘林终于培育出了比野生猕猴桃更好吃的新品种猕猴桃。这种猕猴桃的果实是绿色的，它的叶子很有特色：正面呈绿色，背面呈粉色和白色。这种人工培育的猕猴桃更适合人们食用，然而，作为一个新品种，它可能还需要经过一段时间才会得到大家的认可。不过，米丘林很有信心。他相信，假以时日，这种水果会像葡萄一样得到人们喜爱。

其实，北方的葡萄是米丘林后来引种的，这也是米丘林的一大功劳。那些生活在北方的孩子们应该感谢米丘林，因为是米丘林为他们带去了好吃的葡萄。正如现在，当我们吃着被米丘林改良过的苹果和梨的时候，内心也非常感谢他一样。

曾经只在米丘林的果园里做实验用的水　果，现在已经涌向了全苏联，甚至出现在了世界上的其他地方。

假如当初米丘林培育出了一种会说话的苹果，那么这种苹果肯定会为我们讲述很多精彩的故事。它也许会告诉我们，那些在树上筑巢的鸟儿是怎样一天天长大的，也许会讲述它们在树上挂着时是怎样一种感觉，也许还会讲述米丘林是怎样不懈努力、攻坚克难的。

[苏联] 米·伊林

奇怪的森林和干枯的湖

　　一提到沙漠，很多人便会联想到这些词：干旱、炎热、贫瘠、荒无人烟……这些词并不是说沙漠里有什么恐怖的东西，而是说沙漠里没有任何东西。在俄文中，"沙漠"一词的意思就是空地方。沙漠里真的是这样吗？其实不然，沙漠里并非空无一物。我们可以来看看苏联最大的沙漠——卡拉库姆沙漠。

　　卡拉库姆沙漠里面有原住民，有牲畜，也有绿洲。这就说明沙漠里面是有水的，因为没有水就不可能有生命。曾经有一位旅行家前往卡拉库姆沙漠，他发现在地下一米深的地方，沙子就不再是干燥的，而是湿润的。这是为什么呢？

　　原来，春天时，融化的雪水和雨水会渗入沙子下面，而沙子就像保护膜似的，使水不会被蒸发掉。但是，沙漠中的水分并不多，并不能满足在那里生活的所有生物的需要。

　　沙漠地区，气候非常炎热。夏天时，经常一滴雨都不下，空气异常干燥。如果把一片刚烤好的面包放到沙漠里，仅需一天时间，这片面包就会变成面包干。如果早上把一份报纸放在沙漠里，到了晚上，这份报纸恐怕就只剩下一些碎片了。

　　要想在沙漠中生存下来，就必须好好利用每一滴水。在用水方面，不仅人会精打细算，连动植物也是如此。正是因为水资源匮乏，这里的树木、河流、湖泊与我们平常所见的差别很大。

　　在沙漠里，你会看到乌云，但是这些乌云并不会为它下面那片干燥的土地降下一滴甘霖。即便是下了雨，估计雨还没有到达地面就已经被沙漠中的热气蒸发掉了。沙漠里也有一些河流，但是这些河流真是奇怪极了，经常流着流着就消失了。只有春天的时候，我们才能听见"哗啦哗啦"的流水声，而一到夏天，这些河流就会消失得无影无踪了。

除了一些没有出口的河流，沙漠中还有一些湖泊。这些湖泊就像一个个被火灼烧的热锅。夏天时，湖泊里面一点水都没有，只有一层层盐壳。在强烈阳光的照射下，这一片盐湖反射出耀眼的白光。人和牲畜可以随意地行走在湖面上，就像走在陆地上一样。

在沙漠中，你找不到森林的身影。人们通常认为，在日光下，每一棵树都会有树荫，但是沙漠里的萨克苏树就没有树荫。为什么这种树木没有树荫呢？为什么这种树只有枝桠，没有叶子呢？这是因为沙漠的生存环境太恶劣了。如果枝繁叶茂的桦树来到沙漠，肯定无法生存下去，因为这里的水分不足以满足它的需求，而且这里的环境也不够潮湿凉爽。要想在沙漠这种干燥而炎热的环境中生存下来，就一定要懂得节省水资源。所以，萨克苏树就只剩下光秃秃的枝桠了。

经过千万年的磨合，那些需要用大量的水去灌溉的树都消失了，只有一小部分树渐渐适应了沙漠的生存环境，也就是那些会节省水的树。到了现在，有些树甚至吸收不了过多的水分，如果你给它浇了过多的水，它就有可能死去。

曾经有一个地方遭遇了洪水，等洪水退去后，原来生活在那里的萨克苏树全都死了，只有萨克苏树干枯的树干残留在地上。

　　沙漠不光改造植物，还改造动物。

　　在沙漠的湖里，生活着一种有肺的鱼儿。当湖中有水时，这些鱼儿就用鳃呼吸；当湖水干涸时，这些鱼儿就爬到陆地上用肺呼吸。不光鱼儿出现了变化，蛇也出现了变化。在沙漠中，有这样一种蛇，它们能够自如地在沙子里面游动，就像在水中一样灵活。骆驼黄色的皮毛与沙漠的颜色几乎融为一体，这种保护色使它能够很好地躲避天敌的袭击。在沙漠缺水的环境中，骆驼能够长时间不喝水。

　　自然界里的动植物和其生长环境是密切相关的。如果其中一个出现了变化，另一个相应地也会出现变化。在沙漠世界里，这一点表现得非常明显。正是因为缺水，所以沙漠的生态系统发生了很大变化。植物变得非常耐旱，动物变得不一样了，人类的生活方式也出现了新的变化。

　　夏天的时候，河流中的水会蒸发，河床上会出现盐分，小草会干枯，人们需要举家迁移到别的地方去。那么，这些为生存而迁移的人和难民有区别吗？为了寻找水源，他们不得不离开家园：骆驼驮着物资在前面开路，孩子们在母亲的怀抱里不停地啼哭，男人们骑在马背上艰难地驱赶着羊群。他们就像在逃难。每年，他们都会经历一次像这样的逃难。这种逃难有一个好听的学名，即"游牧生活"。

　　这样的生活非常艰苦，几乎没有乐趣可言。我们要想改变这种生活，就必须了解事物之间的联系。在沙漠中，无论是动植物还是人，离了水都不能生存。也正因为如此，我们需要把水引到沙漠中，让森林、草、气候和人的生活都得到改善。

［苏联］米·伊林

开路先锋

如果没有人类干扰，沙地上也是能长出植物的。但是这个过程非常缓慢，少则需要几年，多则需要几十年。在沙丘之间凹陷的地方，会长出一种植物，这种植物就是开路先锋。

在流动的沙丘中，这些植物的开路先锋是怎样生长起来的呢？要知道，沙丘会给它们带来很多危险。例如，风会把种子深深地埋藏起来，不让它们得到阳光的照射。等植物好不容易长出嫩芽了，移动的沙丘又会把它们埋在地底下。即使它们不屈不挠，顽强地生存了下来，前方还有很多危险在等待着它们。

狂风轻而易举地就能把它们的根挖出来，同样轻而易举地就能让它们死在沙漠中。然而，在千百年的不懈斗争中，这种植物练就了适应沙漠的本领，因此它们才能在这种严酷的环境中生存下来。

刺沙蓬这种植物的果实长有"翅膀"，能够随风飘荡。它的果实的种子有一层坚硬的外壳，外壳上还有很多带刺的毛。刮风的时候，这些小果实就会被吹到沙漠中的各个角落。因为这些果实很轻，所以沙子不能把它们完全埋在地下。

既然沙子不能轻易把这种果实埋在地下，那么等它长大的时候，总可以将它埋在地下了吧？

你要是这么想，那就错了。这种植物从来不会轻易屈服。它的枝桠非常细，枝桠上也没有几片叶子，所以当沙浪来时，它能轻松躲过沙浪的侵袭。但是如果沙浪很大，它就需要和沙子斗争一番了。它铆足劲不断地往上爬，不断地往上长，这样才能偷偷地露出小脑袋，看一眼挂在天上的太阳。等这种植物长大之后，它的树干伸得非常远，甚至可以穿越整个沙丘地带。

　　刺沙蓬除了需要和沙子作斗争，还需要和风作斗争。当狂风试图把沙子吹起的时候，刺沙蓬就会努力用根抓住周围的沙子。

　　不光刺沙蓬能固沙，一些草和矮树也能固沙。正是由于这些植物的存在，沙丘的面积没有继续扩大。最后，这些流沙就被固定了下来，变成了一个个小山丘。在这场战争中，植物是最终的胜利者。

　　然而，这些植物在取得胜利后，马上就要面临死亡，因为下一批植物很快就会生长出来，占据它们的位置。

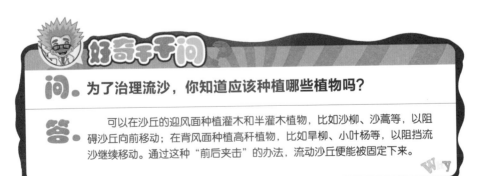

好奇千千问

问．为了治理流沙，你知道应该种植哪些植物吗？

答．可以在沙丘的迎风面种植灌木和半灌木植物，比如沙柳、沙蒿等，以阻碍沙丘向前移动；在背风面种植高秆植物，比如旱柳、小叶杨等，以阻挡流沙继续移动。通过这种"前后夹击"的办法，流动沙丘便能被固定下来。

［苏联］维·比安基

祝你钩钩不落空

维·比安基，苏联著名的儿童科普作家和儿童文学家。他热爱大自然，一生中的大部分时间都是在森林中度过的。其代表作有《森林报》《少年哥伦布》《写在雪地上的书》，其中《森林报》自1927年出版后，再版10次，深受青少年读者的喜爱。

钓鱼和天气是紧紧地联系在一起的。

夏天，每当刮大风、下暴雨时，鱼儿就会被赶到深坑、草丛、芦苇等能避风的地方。如果这样的恶劣天气持续好多天，那么所有的鱼都会躲在僻静的地方，变得无精打采起来，即便你给它们再多的鱼食，它们也没心情吃。

当天气变得炎热无比的时候，鱼儿就会找一些凉快的地方栖身，例如泉眼附近。在那里，泉水会从地下一个劲地向上冒，把水弄得凉凉的。在炎炎夏日里，鱼儿只有在早晨热气未出和傍晚酷暑渐消时，才会出来觅食。

干旱时期，河水和湖水中的水位就会降低，这时，鱼儿就会钻到深坑里去。所以，你要是钓鱼爱好者，能找到这样一个钓鱼的好地方，再加上美味的鱼饵，必定满载而归。

最好的鱼饵，自然是麻油饼了。你得先将它放在平底锅中煎一下，然后捣烂，再将它和煮烂的麦粒、米粒和豆子搅和在一起，或者直接撒在荞麦粥和燕麦粥里，这样散发着新鲜麻油饼味的鱼饵就做好了。鲫鱼、鲤鱼及许多其他种类的鱼，都很喜欢这种味道。如果你每天用这样的鱼饵来钓鱼，使它们习惯这个味道，用不了多久，那些肉食性鱼类——鲈鱼、梭鱼等，也会跟过来觅食。

当小雨或雷阵雨到来时，水温会变得比平常低，这会极大地刺激那些鱼儿的食欲，使它们胃口大开。在晴朗的日子里，鱼儿也比较容易上钩。

我们可以根据气压计的变化、鱼咬钩的情况、霞光的色彩，以及夜雾和露水来预测天气的变化。当天空中出现鲜明的紫红色霞光时，说明空气中的水蒸气很多，可能要下雨了。当天空中出现淡金粉色的霞光时，说明空气十分干燥，近几个小时内都不会有雨。

一般情况下，人们习惯用钓鱼竿钓鱼，也有人利用绞竿来钓鱼。除此之外，还有一种钓鱼方法——乘着小船，边划船边钓鱼。

用这种方法钓鱼，你得先准备好一根长约50米的结实的绳子，在要用手拉的地方绑上钢丝或者牛筋之类的工具，另外再找一条假鱼。钓鱼时，要将假鱼拴在事先准备好的绳子上，拖在距小船大约25～50米的地方。这时，小船上也得有两个人：一人划船，一人拉绳子。拉绳子的人要控制好绳子的长度，将这条假鱼拖在水底或者水中，摆出好像真鱼在水中游的样子。要是鲈鱼、梭鱼之类的肉食性鱼类看到这条假鱼，立刻就会扑上来，想要吞掉它，从而触动绳子。这时，钓鱼人就知道有鱼上钩了，这时只要将绳子迅速往上拉，一条鱼就这么被钓了上来。

最适合用这种方法钓鱼的场所有：长满灌木、又高又陡的峭壁下的深潭，杂乱地堆放着一些被风刮倒的树木的深坑，还有水面宽阔的芦苇丛和草丛。划船要沿着陡岸，或在水面开阔、平静的深水处，而且，你还得躲开石滩和浅滩行驶。

在用假鱼钓鱼的时候，要注意一点：船一定要慢慢地划，尤其风平浪静的时候更要小心，因为那些鱼儿很灵敏，即使隔得再远，它们也能听见桨划过水面的声音。它们一旦听到后就会溜之大吉，即使你钓鱼的本领再高，也只能空手而归了。

[苏联]维·比安基

捉小虾

5~8月是捉小虾的最佳时机。

不过，想要捉小虾，你首先得了解一些它的生活习性及活动规律。

小虾是由虾卵孵化出来的。虾卵在孵化之前，藏在雌虾的腹足和虾颈里。每只雌虾能孕育不少虾卵，多的能有100多粒，少的也有几十粒。

在湖岸和河岸上的小洞穴里，这些虾卵会在雌虾身上度过一个冬天，初夏时分，虾卵就慢慢地裂开、孵化出小虾来了。这时候的小虾长得和蚂蚁差不多大。

刚生下来的小虾在第一年的时候要换8次壳，这算是它的外骨骼。等到成年之后，它就一年换一次了。

刚刚脱壳的虾，浑身赤裸裸的，它们会躲进深洞里，直到新的外壳长硬之后才出来。毕竟，很多鱼都喜欢吃没有外壳的虾。

虾也是夜猫子，它白天就爱躲在洞里。不过，如果它发现了猎物，不管是白天还是黑夜，它都会从洞里跳出来捕食。这时，你会看到从水底冒出的一串串气泡，这是虾呼出来的气体。水中的小鱼和小虫都是虾喜欢吃的食物，不过，它最爱吃的还是那些腐肉，就算距离很远，它也能闻到腐烂的味道。

那些捉虾的人了解虾的这一特点后，就会用一小块臭肉、死鱼或死蛤蟆等作为诱饵。当那些虾闻臭而来时，就会被这些人捉到了。

人们通常是这样捉虾的：先将诱饵系在虾网上，再用几个直径为30～40厘米的木箍或铁丝将虾网撑开。一定要将它们固定在虾网上，千万不能让虾一进网就将腐肉拖走。之后，再拿细绳子将虾网系在长竿的一头，人只需站在岸上，将虾网浸到水里即可。在虾多的地方，很快就会有小虾进入网中，无论它们怎样挣扎，都脱不了身。使用这种方法捉虾，成功率还真的挺高。

下面再给大家介绍一种简单实用的方法：你可以在水较浅的地方找到虾洞，如果你胆子大，可以用手捉住虾的背，直接将它从洞里揪出来。不过，捉的时候你得小心点，因为有时虾会忽然夹住你的手指头。

如果你随身带着一口小锅，还有葱、姜和盐，我想你一定会迫不及待地烧上一锅水，将虾放进去煮熟的。

温暖的夏夜，满天星斗下，坐在小河边或湖边的篝火旁煮虾吃，那该是一件多么惬意的事啊！

[英国]乔治·赫伯特·卡朋特

竹节虫

乔治·赫伯特·卡朋特，英国著名的自然学家和昆虫学家。他对昆虫纲、蛛形纲动物等有着浓厚的兴趣，毕生致力于动物经济学、动物地理学等方面的研究。代表作有《昆虫变形记》《昆虫生物学》等，非常畅销。

相信大家都见过竹节虫吧？这是一种很常见的昆虫，是一种无脊椎动物，有的有翅，有的无翅。人们之所以称它为"竹节虫"，是因为它的身体细长，很像竹节。竹节虫一般体长3～30厘米，最大的体长可达55厘米。当然，和其他昆虫一样，竹节虫也有很多种类型。在全世界，竹节虫大约有2200多种，主要分布在热带和亚热带地区。它们喜欢灌木和乔木的叶片，主要生活在高山、密林，以及一些比较复杂的环境中。

一般情况下，昆虫都得经过雌雄交配才会产下卵。不过，竹节虫是一种特殊的昆虫，它们繁衍后代的方法很特殊，属于"孤雌生殖"。也就是说，雌性的竹节虫不用和雄性的竹节虫交配就可以产卵，并且这些卵可以发育成正常的新个体。竹节虫通常会把卵产在树枝上，不过这些卵要一两年后才能孵化出来。

竹节虫卵的外面包裹着一层很坚实的囊，有的像一棵小草的种子一样大，有的像它们所食用的树和灌木的种子一样大。卵产下来后，就像植物的种子一样随意地散落在地上。一两年后，小竹节虫就会出生。

刚孵化出来的竹节虫幼虫和长大后的成虫，在形态和生活习性方面都很相似，区别就在于幼虫的翅膀尚未发育好，生殖器官也不成熟，还需要经历多次蜕变。每次蜕变后，幼虫的翅膀和生殖器官都会成熟一些。人们通常称这一时期的竹节虫为若虫。若虫发育得很慢，通常需要经过3~6次蜕变才可以变成成虫。

竹节虫的生活习性很独特。它们喜欢晚上出来活动、觅食，白天则慵懒地待在树枝上。雄性的竹节虫比较活跃，它们晚上出来的时候基本上都在不停地玩耍。当受到惊吓时，它们会将后腿落下，然后再用前胸背板的两侧喷射出一股臭液。

竹节虫喜欢待在树枝上，它们的颜色和树叶很像，因此很难被无敌发现。大家可不要小瞧了这种小昆虫，它们伪装的本领可强了，能和自然界巧妙地融为一体，也只有在爬行时才可能被发觉。当被冒犯时，它们马上就会飞起来，那舞姿非常迷人。不过，这种迷人的舞姿很短暂，当它们把翅膀收起来后，瞬间又变得无影无踪了。我们称这种一闪而逝的飞行法为"闪色法"。在遇到危险时，很多聪明的昆虫都是采用这种巧妙的方式成功脱险的。

[英国] 乔治·赫伯特·卡朋特

蝴蝶

　　蝴蝶的翅膀很宽大，颜色很鲜艳，这些成了蝴蝶吸引眼球的两大"利器"。全世界总共有一万多种蝴蝶，它们主要分布在美洲地区，其中，亚马孙流域蝴蝶的品种和数量最多。

　　说到这里，有必要提一下"蝴蝶效应"。对于这个效应，最常见的阐述是："一只南美洲地区亚马孙河流域的蝴蝶，不经意地扇动几下翅膀，两周后在美国得克萨斯州就有可能引起一场龙卷风。"究其原因，是蝴蝶翅膀的运动使得其周围产生了一股微弱的气流，而这股微弱的气流又会使周围的空气产生相应的变化，由此引发一个巨大的连锁反应，并最终导致其他系统的巨大变化。如果想具体了解其中的原因，可以看看《蝴蝶效应》这部电影。

　　蝴蝶因飞舞的姿态优美而招人喜欢。在美洲的一些地区，人们喜欢观赏蝴蝶的迁徙，这已经成为了当地的一项活动，每年都会有很多人参加。中国虽然没有这样的活动，但中国人自古以来就很喜欢蝴蝶。为此，文人墨客还创作了很多关于蝴蝶的优美诗句，比如李商隐有诗曰："庄生晓梦迷蝴蝶，望帝春心托杜鹃"，李白有诗曰："八月蝴蝶黄，双飞西园草"，史承豫有诗曰："山上桃花红似火，双

双蝴蝶又飞来"，王和卿有诗曰："弹破庄周梦，两翅驾东风。三百座名园，一采一个空。"从这些诗句中我们可以看出，中国人是多么喜欢蝴蝶。

蝴蝶最吸引人的地方当属它翅膀上的花纹了。它们绚丽多彩的翅膀不仅让人感到赏心悦目，还具有很多用途。说到这儿，有人可能会不屑地说："蝴蝶的翅膀不就是用来飞翔的吗？还能有什么作用？"这样想就大错特错了。蝴蝶五彩缤纷的翅膀不仅可以吸引异性的注意，还可以用来伪装、隐藏自己。在印度枯叶蝶身上，伪装的功能体现得非常完美。当枯叶蝶落在树枝上或地面的枯叶上时，只要枯叶蝶将一对翅膀并拢，就能和树叶完全融为一体，不会被天敌发现，从而很好地保护自己。

在中美洲和巴西南部地区，有一种邮差蝴蝶。这种蝴蝶的翅膀红黑相间，红色非常亮丽，是一种警戒色，意在警告袭击它的动物："'我'是有毒的，请远离我，若你执意要伤害我，你会痛不欲生的。"

不仅邮差蝴蝶会使用这一招，一些没有毒性的蝴蝶也会使用这一招，从而让袭击者望而却步。

还有一些会采取特殊方式来保护自己的蝴蝶。比如线纹紫斑蝶，当它们受到袭击时，腹端会翻出一对排挤腺，迅速喷出一股恶臭的气体，让袭击者不得不将其舍弃。

　　蝴蝶的发育需要经历四个阶段，即卵、幼虫、蛹和成虫。蝴蝶会在幼虫喜欢吃的植物叶片上产卵，提前为幼虫准备好食物。蝴蝶的卵呈圆形或椭圆形，外面附有一层蜡质壳，可以防止水分的蒸发。卵的一端有一个小细孔，这是精子进入卵细胞的通道。幼虫孵化出来后，会吃掉很多树叶，为进入蛹期做好准备。

　　幼虫脱过几次皮后，逐渐变得成熟，进入蛹期。这时，幼虫会寻找一片合适的叶子，在背面用细丝把自己固定在那里，化为蛹。等蛹成熟后，蝴蝶就会从里面钻出来，等翅膀晾干、变硬后，就能飞翔了。

好奇手手问

问. 为什么蝴蝶在下小雨时也能飞行？

答. 这是因为蝴蝶的翅膀上有一层鳞片，里面含有丰富的脂肪，就像是蝴蝶的雨衣一样，能将它们保护起来。所以，即便是下小雨时，蝴蝶也能翩然飞舞。

[美国] 阿尔普斯·斯普林·帕卡德

蚊子

阿尔普斯·斯普林·帕卡德，美国著名的昆虫学家和古生物学家。1877年被任命为美国昆虫学会的会长，1878年曾在布朗大学担任动物学和地质学的教授。著有关于节肢动物分类学和解剖学的著作，对于昆虫学的发展做出了杰出的贡献。

今天我们来讲一下以吸食鲜血为生的蚊子。它从淡黑色的虫茧里面飞出来后，就嗡嗡叫着开始在阳光下飞行了。它的鼻子非常突出，翅膀上面布满了绒毛，身体瘦长，动作灵巧，看起来既美丽又优雅。虽然它是一种惹人讨厌的小昆虫，但是我们不得不承认，在双翅家族中，还没有哪个成员比它更美呢！

关于蚊子，《伊索寓言》中有这样一则故事：有一只蚊子，让狮子备感困扰。因为这只蚊子非常嚣张，丝毫没把百兽之王放在眼里。有一天，它狂妄地对狮子

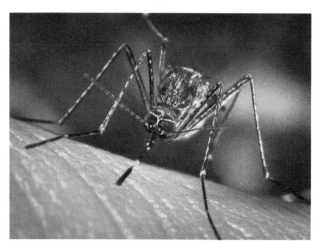

说："别看你长得又高大又壮实，可你根本就不是我的对手。请问你有什么本事，用你的尖牙撕咬？用你的利爪拍打？哼，那些都是女人打架时惯用的手法！要是你不服的话，咱俩可以比试一下。"被一只小小的蚊子如此挑衅，百兽之王怎能咽得下

这口气呢？于是，狮王咆哮着接受了蚊子的挑衅。蚊子吹着喇叭得意地向狮王冲去，专门咬它脸上没有毛发的地方。狮王大发雷霆，挥舞着自己的大爪子往脸上乱抓一通，结果不仅没有打到蚊子，反而将自己的脸抓得血淋淋的。最后，蚊子得意扬扬地吹着喇叭飞走了。

那么，在现实生活中，蚊子都是怎样向目标发起进攻的呢？

首先，它会慢慢地靠近目标，并轻轻地落在上面，然后伸出自己像喇叭一样的武器——口器，同时静悄悄地将翅膀折叠在背上，然后迫不及待地吸吮起受害者的鲜血来。它通常选择在伤口、毛细血管、收缩的神经上吸食。

瞧，这里刚好有一只可恶的蚊子正在吸血！先不打扰它，等它喝饱以后再捉住它，放在显微镜下好好观察吧！好了，抓住它了。它的头很圆，两只眼睛很大，几乎都挨着头顶了；前额长着一对细长的、毛茸茸的触角；触角下方是一个长长的口器。蚊子的口器由上颌、下颌、上唇和下唇组成。在这几个组成部件中，上颌骨看起来很像鬃毛，上唇像一根头发，而下唇则像是由五根看似鬃毛的器官组成。因为拥有这么多厉害的武器，蚊子不用费太大力气就能把口器刺入人和动物的皮肉中吸食血液。蚊子吸血时，腹部一直处于鼓胀的状态，等吸饱血后，它把长长的刺针从皮肉中抽出来，然后就像寓言中那只挑衅成功的蚊子一样，得意地离开了。

被蚊子叮过的人都知道，蚊子吃饱喝足离开后，被它叮过的地方会痒上一段时间。身体健康的人并不会在意蚊子的叮咬，睡得正香甜的人也不会在意，但是如果被叮咬的是病人，或者蚊子叮咬的正好是血管或者敏感部位，比如眼皮，那么后果就严重了，有些人会因此而感染，甚至有可能死亡。

蚊子的数量很多，每当它们嗡嗡叫着到处乱飞的时候，人和动物很难逃脱被叮咬的命运。为了对付这种讨厌的昆虫，人们使用了各种招数，比如用手、拍子拍打它们，往屋里喷洒药水，或者用烟熏跑它们。然而，即便如此，蚊子还是源源不断，每年依然按时来骚扰我们。

那么，蚊子的数量为什么会这么多呢？要回答这个问题，恐怕得追溯到蚊子的卵了。雌蚊通常会把卵产在水面上，然后任由它们在水面上漂流。这些卵在成年之前会在水中生活3~4个星期，至于它们具体能生活多长时间，那就要看它们的运气了。到了早春时节，天气暖和了，蚊子的幼虫就开始在池塘里面活动。这时，它们以腐烂的食物为食，所以它们这时实际上扮演着清道夫的角色——既能清理沼泽，又能防止大量瘴气的出现。这个时候，是大家对它们的评价最高的时候。

　　渐渐地，这些幼虫爬到水面上去呼吸新鲜的空气，它们身体后面靠近尾巴的地方有个呼吸管道，它们就是利用这个管道进行呼吸的。等蚊子的幼虫快变为蛹的时候，它们的身体会收缩，身体中段则会变大，然后开始蜕皮，变成另外一副样子：头部和胸部连在一起，嘴巴、翅膀和腿折叠在胸部，两条呼吸通道在背部。每条呼吸通道的底端都长出一个很宽的"桨"，这样它们爬出水面时就会是头部先出来，这种姿势能使它们在池塘中生活得更加舒适，而且也有利于它们身体的成长与发育。

　　几天后，这种聪明的小昆虫就会咬开身上的虫茧，然后把这只茧当作一个小竹筏，在上面晾晒自己的身体，等晒干后，就张开翅膀去办一件重要的事情——寻找心爱的人"结婚"。说到结婚，我们就有必要提及雄蚊了。雄蚊长得非常漂亮，道德也很"高尚"，因为它不吸血，也从不闯入人类的居所。可以说，雄蚊一生都默默生活在森林里，过着隐居的生活。

　　那么，雄蚊是依靠什么来维持生命的呢？答案是植物的汁液。是的，雄蚊是一群"素食主义者"！要想将雌蚊和雄蚊区别开，其实非常容易，除了食性不同，它们在外形上也存在差异。雄蚊长有长长的下颚须，头上还长有毛茸茸的"天线"，而雌蚊则没有这些特征。

　　雄蚊的使命就是和雌蚊交配，产下后代。虽然雌蚊一生中只结一次"婚"，但在婚后的日子里可以产下大量受精卵。这样，我们就明白为什么会有那么多蚊子了，因为蚊子的繁殖能力实在是太强了！

［美国］阿尔普斯·斯普林·帕卡德

蜻蜓

　　很多人认为蜻蜓是一种益虫，是人类的好朋友。不过，事实并非全然如此。因为它不光有"美丽、善良"的一面，还有"凶狠、嗜杀"的一面。在放大镜下，蜻蜓的外表很吓人，不光孩子会害怕，就连老人也会害怕，人们称蜻蜓为"魔鬼的补衣针"，它的英文名 "Dragonfly" 也含义深刻。如果我们能听懂昆虫的语言，就会知道在它们眼里，蜻蜓是一种多么可怕的动物！

　　蜻蜓长得并不招人喜欢，它身上有很多让人厌恶、恐惧的地方，所以它被归入昆虫中"丑陋家族"的一员，而且，蜻蜓还是食肉动物。这些都是事实，是它那身闪耀的外衣所无法遮盖的。但是，蜻蜓一生都在做对人类有益的事，从这个意义上

说，蜻蜓是益虫，的确是人类的好朋友。在水里生活的时候，蜻蜓以蚊子的幼虫和其他害虫的幼虫为生。而且，它们一直都在清理瘴气，对维护生态平衡具有重要意义。不仅如此，在水池边、花园中以及田野里，蜻蜓消灭了大量蚊子、苍蝇和其他害虫。可以说，蜻蜓就是昆虫世界中的"拿破仑"，有人认为它很伟大，对它非常喜爱；也有人认为它很残暴，对它深感恐惧。

　　了解了这些信息后，我们就不应该因为蜻蜓吓人的外表而厌恶它们，也不应该轻视它们，更不应该将它们视为残暴的怪物，因为它们一直在为大自然做好事。

　　蜻蜓可以说是外貌丑陋、天性凶残的肉食性昆虫的典型代表。它的脑袋很大，脸向后凹进，上面是一双大眼睛，下面是构造特别的口器。腿长在胸部以下，又细又长，就像得了病一样。

　　但是，蜻蜓的翅膀非常美丽，像牛皮纸做的薄膜一样，上面布满了各种形状的纹理。尽管身躯庞大，蜻蜓的体态却很轻盈，这要归功于它那双精致翅膀的支撑。

在飞行的时候，蜻蜓的那条长尾巴可以像船舵一样，帮助它保持身体平衡。

　　蜻蜓的身体上有蓝、绿、黄等多种颜色，十分鲜艳。而且，它那双美丽的翅膀也时常会散发出彩虹般绚丽的光芒。

　　从一个方面看，蜻蜓就是天使的化身，它拥有一双像天使羽翼一样的翅膀，还为人类做着好事；从另一个方面看，它又好像是魔鬼的化身，外形吓人，食性凶残。

　　最后，不管你对蜻蜓有怎样的成见，都要客观公平地对待它。

[法国] 法布尔

螳螂

　　螳螂是一种南方的昆虫，这种昆虫和蝉一样有趣，但它的名气不如蝉，因为它不会发出声音。螳螂经常挺着上身，庄重地立在被太阳暴晒的青草地上。它的薄翼宛若轻纱般飘曳在空中，前腿如同手臂般伸向半空，好像在虔诚地向上天祈祷。也正因此，有些人称它为"祈祷者"或"先知"。

　　其实，螳螂那种貌似虔诚的姿态是骗人的，它高举着的"手臂"，看似是在祈祷，其实是可怕的利刃。一旦有昆虫经过螳螂的身边，螳螂就会立刻原形毕露，用它的"手臂"对其进行捕食。在它温柔的面纱下，隐藏着浓重的杀气。

　　螳螂的外表看上去相当美丽，身材纤细，体态优雅，披着淡绿的外衣，托着轻薄如纱的长翼。它的颈部柔软，头可以朝任何方向自由转动。它甚至还有一张精致的面孔。这一切都构成了这个小动物的温柔外表。可是在螳螂优美的身体上，生长着一对如此具有杀伤力和进攻性的武器。它的身形和这对武器之间的落差，简直让

人难以相信它是这样一种集温柔与凶残于一身的小动物。

　　仔细观察螳螂的身体，你会发现它那纤细的腰身不仅修长，还特别有力。与长腰相比，螳螂的大腿还要更长一些。而且，恐怖的是，它的大腿下端生长着两排十分锋利的锯齿状突起物，这使它的大腿看起来像是长有锯齿的刀口。两排锯齿之间有一个空槽，螳螂可以把两条小腿分别收放在这空槽中，以此保护自己。

　　螳螂的小腿上也有两排锯齿，这些锯齿比大腿上的略小一些，但更多更密。小腿锯齿的末端各生长着一个尖锐的硬钩子，其锋利程度不亚于最好的钢针。钩下有一道细槽，槽上有两把刀片，看起来就像修理花枝用的那种弯曲状的剪刀。

　　螳螂的"大刀"是一件非常有力的刺割工具，曾给我留下了火辣疼痛的回忆。记得我到野外去捕捉螳螂的时候，这种小家伙除了拼命保护自己，还经常对我发动反击，搞得我疲惫不堪，结果还是抓不住它。相反，它经常用"大刀"抓住我的手，而且轻易不会松开。在我看来，我们这里没有比螳螂更难捕捉的昆虫了。螳螂身上有很多"暗器"，遇到危险的时候，它可以选择不同的方法来保护自己。比如，它可以钩住并用尖刺扎你的手。无论它采用哪种方式向你出手，那种滋味都不好受，而你拿它又没有一点办法。所以，要想捕捉螳螂，你得充分发挥聪明才智才行。

　　平时，当螳螂不活动，只是将身体蜷缩起来的时候，看上去似乎并不具有攻击性。这时，你会觉得，这个小动物简直是一个热爱祈祷的性情温和的小家伙。不过，它可不总是这样，只要它身边有其他昆虫经过，不管那些昆虫是有意侵袭，还是无意路过，螳螂立刻就会改变那副祈祷和平的样子。它会迅速伸展开身体，

不等那个过路者完全反应过来，便将其制服在自己的"大刀"之下。那可怜的受害者被死死地压在螳螂的两排锯齿之间，丝毫动弹不得。然后，螳螂用钳子把猎物夹紧，一次捕猎行动就这样结束了。不管是蚱蜢、蝗虫，还是更强大的昆虫，只要不幸被螳螂

捉住，基本上就只能等死了，它们甚至连反抗的必要都没有。

有一次，我看到一只满不在乎的灰蝗虫迎着螳螂跳了过去。螳螂立刻表现出异常兴奋的样子，接着迅速做出了一系列令人意想不到的动作，使得那只本来满不在乎的小蝗虫立刻恐惧起来。只见螳螂的翅膀完全张开，直直地竖在后背上，好像船帆一样。紧接着，它将身体的上端弯曲起来，样子很像一根手柄弯曲的拐杖，并且不时地上下起伏着。同时，螳螂还发出一种类似毒蛇喷吐芯子时的声响。螳螂在做完这一系列动作后，便一动不动地死死盯住对手，随时准备冲上前去，展开激烈的搏斗。只要那只小蝗虫稍微移动一点，螳螂就会马上把头转向新的目标位置，目光始终不离开猎物。

螳螂这样死死地盯着对手，主要是想先吓住对手，使对手产生强烈的恐惧感。螳螂精心设计的这个作战计划是非常成功的，因为那只小蝗虫已经不知所措了，甚至都没有想起来要逃跑。可怜的小蝗虫害怕极了，怯生生地伏在原地，不敢发出半点声响。在最害怕的时候，它甚至莫名其妙地开始向前移动，一步一步地靠近螳螂。这只可怜的小虫居然恐慌到了主动去送死的地步！而螳螂这种故意摆出一副凶猛架势，利用心理战术和对手周旋的做法实在令人惊叹。它可真算得上是昆虫界的心理专家！当那只蝗虫靠近时，螳螂就会毫不客气地立刻使用它的武器。无论那只小蝗虫怎样顽强抵抗，也无济于事。接下来，螳螂便可以得意地享用它的战利品了。

螳螂这种凶猛的小动物，猎食范围并不仅仅局限于其他昆虫。它气质虽然特别，但是，你或许想不到，它竟然还是一种吃同类的动物。也就是说，螳螂会吃掉自己的兄弟姐妹。

因为地方有限，我经常把十几只雌螳螂放在一起。一开始，它们还能和平相处，但是随着交配和产卵时节的临近，它们逐渐变得暴躁起来，展开了一场又一场搏斗与厮杀。我亲眼看到，两只雌螳螂不知道为什么突然就直起了身子，摆出了战斗的姿势。它们不时左右转动脑袋，用挑衅的目光盯着彼此，用翅膀摩擦着肚子，发出"扑、扑"的声音，仿佛吹响了战斗的号角。如果这场搏斗只是轻微的交锋，那后果还不会太严重。只见双方把锋利的前爪像书页一样张开，放到两侧，护住胸膛，这个姿势真是漂亮极了。接着，其中一只螳螂的一只弯钩突然松开并伸直，紧紧抓住对方，然后又迅速缩回，好像要重新防守的样子，此时对手也摆出反击的姿势。但只要其中一只螳螂稍微受点伤，就会主动认输、撤退，而获胜的一方也会偃旗息鼓，退到一旁去伏击蝗虫了。

　　表面上它们重归于好，但实际上随时都准备着展开新的搏斗。很多时候，搏斗的结局都非常惨烈。它们摆出决一死战的姿势，张开锋利的前爪伸向半空。一番激战之后，可怜的战败者就会被对手夹住，成为对手的一顿美餐。

　　螳螂在吃同类的时候，面不改色心不跳，一副泰然自若的样子，跟它吃蝗虫、蚱蜢的时候一样，仿佛这是天经地义的事情。更令人吃惊的是，雌螳螂甚至还有吃配偶的习性。这可真让人难以置信！雌螳螂在吃自己配偶的时候，会咬住配偶的头颈，一口一口地吃下去，直到只剩下两片薄薄的翅膀为止。

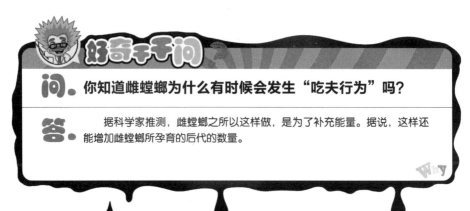

好奇千千问

问。 你知道雌螳螂为什么有时候会发生"吃夫行为"吗？

答。 据科学家推测，雌螳螂之所以这样做，是为了补充能量。据说，这样还能增加雌螳螂所孕育的后代的数量。

[英国] 乔治·赫伯特·卡朋特

瓢虫

瓢虫的颜色很鲜艳，它的身体圆圆的，上面长着斑点，看起来非常可爱。但是，它们穿着一件如此坚硬、笨重的"外套"，竟然还能飞行，真让人难以相信。不过，千万不要就此怀疑瓢虫的飞行能力，它们可是技艺精湛的飞行家。我们都明白"人不可貌相"的道理，对于昆虫，同样不能因为它们的外表而对它们产生偏见。如果你不相信，下次遇到瓢虫的时候可以认真观察一下。当它想要飞行的时候，会从外套下面伸出一双精致的小翅膀来，疯狂地舞动一番，然后飞起来，越飞越远。还没有等你缓过神来，它就已经消失得无影无踪了。

可是，应该去哪里观察瓢虫呢？去花园或者公园吧！如果有条件，还可以去果园或者田间。瓢虫喜欢穿梭于花丛中，疯狂地捕食蚜虫。当然，这里说的是那

些有益的瓢虫，除此之外，还有一些有害的瓢虫，在这里我们暂且不提。除了捕食蚜虫，瓢虫还喜欢捕食肉质细嫩的其他昆虫，不过，蚜虫始终是瓢虫的最爱。饥饿时，瓢虫会一边飞行一边寻找食物，当搜寻到目标后，它们就会停下来美餐一顿。

瓢虫的幼虫也爱吃蚜虫。这些幼虫每天都在植物的叶片上爬来爬去，忙着捕食蚜虫，估计蚜虫一看见它们就会胆战心惊。渐渐地，幼虫长大了，它们的胃口也变大了，需要吃的食物越来越多，身体也变得越来越大，而且还变成了黑色。幼虫的身体上长有鞘翅，上面还有一些斑纹。在这个阶段，幼虫会蜕5~6次皮。每蜕一次皮，幼虫就会长大一些。幼虫通过这种方式为自己积蓄足够的能量，为接下来的变蛹做准备。

瓢虫准备变蛹时，会寻找一个比较安全的地方，通常是叶片下面。它们把自己挂在那里，将身体微微拱起，不吃不喝，一动不动。这时，它们的体内正在进行着剧烈的重组运动。这个过程很短，通常只需几秒钟就完成了，因此很难被人们观察到。

经过一番脱胎换骨的过程，一个"新形象"——瓢虫终于出现了。但是，由于刚从蛹里出来，瓢虫的身体十分娇嫩，还需要在阳光下接受暴晒，吸收一些必需的养分，身体的颜色才会逐渐变深，斑纹才会慢慢显露出来。只需几个小时，它就会

成功变态，在花园里自由地飞来飞去，捕食蚜虫了。

　　一段时间后，雌瓢虫的身体就完全成熟了，同雄瓢虫交配之后它们就能产卵了。为了让小宝宝出生后有充足的食物，雌瓢虫通常会将卵产在蚜虫时常出没的地方。瓢虫妈妈真是用心良苦啊！为了孩子的健康成长，它们想得实在周到。瓢虫的卵呈红色或者亮黄色，通常粘在植物的表面，也有的粘在其他物体的上面。有的瓢虫幼虫第二天就孵化出来了，时间长的第七天也能孵出来。别小看这些刚出生的小瓢虫，它们能把附近的蚜虫吃得干干净净。

　　瓢虫的生命非常短暂，通常只有四个星期。不过，在如此短暂的时间里，它们却消灭了很多蚜虫呢！所以，大家以后遇到瓢虫的时候，千万不要去伤害它们。然而，正如我们前面所说的，瓢虫中也有一些害虫。那么，哪些瓢虫是我们应该防备的呢？答案是十一星瓢虫和二十八星瓢虫。此外，我们还可以从瓢虫的鞘翅辨别出哪些是害虫，哪些是益虫。如果瓢虫的鞘翅既光滑又细腻，而且看起来闪闪发亮，那么它就是对人类有益的瓢虫；如果瓢虫的鞘翅上长了很多细绒毛，那么它就是对人类有害的瓢虫了。

好奇手手问

问. 瓢虫的自卫能力很强，很多强敌都奈何不了它。你知道这是为什么吗？

答. 　　这是因为瓢虫的三对细脚的关节上有一种"化学武器"，当瓢虫被强敌袭击时，那里就会分泌出一股非常难闻的黄色液体，强敌常常因为忍受不了而仓皇逃走。

[法国] 法布尔

天牛

寒冬即将来临，我便开始着手准备过冬取暖用的木材了。在伐木区，我选择了那些年龄最大而且全身蛀痕累累的树干。我这样做是有原因的。

我们先来看看这些树干。在这些漂亮的树干上，可以看到一条条或深或浅的伤痕，有的地方甚至被咬得四分五裂。到底是谁把这些多汁的树干弄得如此满目疮痍呢？罪魁祸首就是天牛。

天牛的幼虫喜欢躲在树干里，它们汲取树干中的营养，所以树干就逐渐变得伤痕累累了。天牛的幼虫在树干中慢慢长大，成熟以后会从树干中飞出来。这个过程听起来似乎很简单，但天牛的幼虫要完成这一过程需要三年左右。在这漫长的日子里，它们就像被囚禁了一般，在树干里艰难度日。

天牛的幼虫样子很奇特，像蠕动的小线条，有的半透明，有的呈乳白色。它们在橡树的树干中缓慢地爬行，一边往前爬，一边用自己强健的上颚开辟通道。它们的上颚是黑色的，而且很短，像一个半圆形的没有锯齿的凿子。天牛的幼虫把开辟通道时挖掘出来的碎木屑当作食物，消化之后又将它们排泄出来。这些排泄物就堆积在它们的身后，时间长了，便形成一条痕迹。天牛的幼虫就这样一边挖掘，一边以自己的排泄物为食。

天牛的幼虫在挖掘通道时会把全身的力量都集中在身体的前半部，它的上颚被嘴边的一圈黑色角质盔甲紧紧包裹着，使得这个半圆形的凿子被保护起来。这样，它的上颚在工作时就有了稳固的支撑和强劲的力量。

虽然天牛幼虫的感知能力极弱，但它具有神奇的预测未来的能力。它知道自己会变成成虫，所以提前就开始为自己将来那细长的触角、修长的足和无法折叠的甲壳寻找一个更为广阔的空间。

为了找到这样的空间，它不知疲倦地挖掘着通道，为将来的飞走做好准备。天牛的幼虫把通道挖掘到树皮下时，会在出口处留出薄薄的一层，作为天窗。天窗做好后，它要为自己挖掘一间既柔软舒适又相对安全的蛹室。它退回到通道中不太深的地方，开始开凿它需要的蛹室。这个蛹室宽敞、略呈椭圆形，一般其半长轴可达80~100毫米。天牛的幼虫会从房间的"墙壁"上锉下一条条木屑，把整间蛹室布置得非常舒适。

同时，为了防御天敌，天牛的幼虫还为这间屋子设置了封顶。封顶有2~3层：外层由木屑构成，是天牛幼虫挖掘工作的剩余物；里层是矿物质的白色封盖，呈凹进去的半月形。

这层堵住入口的矿物质封盖，布置得非常奇特，内部很光滑，外部有颗粒状突起，顶部既坚硬又易碎，这样既可以抵御天敌的侵害，又便于天牛的幼虫成为成虫后顺利飞出去。

通道修好，蛹室布置完毕，封顶也完成了。灵巧的天牛幼虫终于完成了自己的使命。于是，它停止了挖掘工作，安心地躺在舒适的蛹室里，头朝着出口的方向，进入了蛹期。

在此期间，它的头始终朝着出口的方向。为了将来能使自己那披着坚硬角质盔甲的身子从窝里飞出去，它必须这样做，因为当它成为成虫时，将无法在这个窝里转身。

但是，我们不必为这聪明的小虫子担心，它总会使头朝向出口的。到了变成成虫之时，它会准确无误地沿着通道爬到出口处。如果天窗事先没有打开，它用坚硬的前额撞开房间的封顶就可以了。这样，顶着长长触须的天牛成虫，终于能从树干里飞出来了。

天牛的幼虫比成虫给人的启发更多：它知道自己有一天要变成成虫飞走，所以不畏艰辛地挖掘通道；它知道自己有一天会破蛹而出，所以建造了舒适的蛹室，并且把头朝向出口以便飞走。

天牛能够为将来的变化做好各项准备工作，这是天牛身上十分可贵的特点。

[法国] 法布尔

蛇与蝎

在自然界中，蛇（本篇文章着重讨论的是毒蛇。——译者注）与蝎是我们应该防备的两种动物，因为它们体内含有毒汁。我们应该多了解一些关于它们的知识，这样万一在野外遭遇不测，也不至于手足无措，乱了方寸。

首先，我们来了解一下毒蛇。世界上有很多种毒蛇，它们的头一般呈三角形，比颈部宽，前端看上去很钝，好像被切去了一部分；腹部一般呈棕色、红色或者瓦灰色；背上有一条颜色暗淡的曲带，两旁各有一排斑点。它们喜欢躲藏在石头和草丛下面，或者气候温暖、石块较多的山上。毒蛇其实很胆小，它们见到人时，出于自卫会从嘴里吐出一条柔软、细长且分叉的黑色芯子。不少人看见蛇吐芯子都感到害怕，其实那只是蛇的舌头，是没有毒的。

毒蛇攻击人时会用嘴咬，而不是刺。假如被毒蛇咬到了手，手上便会出现小红点，非常细，就像针刺的一样。这个时候，千万不能大意，如果置之不理，那些小红点慢慢就会扩大成一个青黑色的圈，手也会感到疼痛和沉重起来。接下来，被咬的地方会肿胀，并渐渐往臂膀上扩散，同时人会出现冒冷汗、手抽筋、恶心、眼前发黑、呼吸困难、丧失知觉

等症状。如果不及时就医，生命就有危险。当然，最好不要等到毒汁扩散时再去就医。其实，人被毒蛇咬后是可以进行自救的。我们所能做的急救是用绳子缚紧咬伤处近心端的肢体，防止毒汁扩散，然后用力挤压伤口处，将毒汁挤出来，在情况紧急时用口吸吮伤口，将毒汁吸出来。

读到这里，也许有人要问了：用嘴吸吮伤口的动作会不会有危险？要回答这个问题，就需要了解毒汁是怎样起作用的。毒汁要想施展威力，必须要有破损的皮肤给它开路，这样它才能够渗透到我们的血液中。如果皮肤完好，没有任何裂口，即使把最毒的毒汁滴在上面，也不会对人体产生任何不良影响。不仅如此，就算把毒汁滴在嘴唇上、舌头上，甚至吞进肚子里，也没有妨碍。曾经有位勇敢的实验者将毒蛇的毒汁吞进了肚子里，结果他并没有感到任何不适。所以，用嘴吸吮被毒蛇咬过的创口是没有危险的。挤压和吸吮之后，如果你看到有血流出来，就说明创口处的毒液已经被吸出来了。

以上步骤都应该迅速完成，否则耽误得越久，事情就会变得越糟糕。如果能迅速地完成这些步骤，一般不会产生严重的后果。当然，为了安全起见，你可以用稀释了的硝镪水、阿摩尼亚水等药水腐蚀一下创口，当然这应该由专业的医务工作者来操作。这种急救措施其实并不难，关键要保持镇定，不能乱了方寸。所以，大家

在平时就应该学会控制自己的情绪，培养临危不乱的
素质。

　　除了毒蛇，蝎子也是一种可怕的毒物。蝎子的
样子很丑陋：头上长了两把钳子；身上长了八只
脚；身后拖着一条分节的尾巴。蝎
子头上的钳子使它看起来很凶恶，
但它的钳子并没有毒，尾端的刺才
有毒。这个刺是蝎子的重要武器，既可以
用来自卫，又可以用来捕杀猎物。

　　在法国南部，主要生活着两种蝎子：一种蝎子
是黑绿色的；另一种蝎子个头较大，呈灰黄色。黑绿色的蝎子喜欢待在阴暗潮湿的
地方，它们主要以木虱和蜘蛛为食。灰黄色的蝎子则喜欢住在温暖的沙子里。和毒
蛇不同，蝎子的攻击方式是刺，而不是咬。黑绿色的蝎子刺人并不会引起严重的后
果，而灰黄色的蝎子一旦刺人，就有可能致人于死地。不管是哪一种蝎子，当被激
怒时，它们尾部刺的尖端上就会出现一滴像珍珠似的液体，然后它们就开始攻击
人，将这滴毒汁注入伤口。如果你不幸被蝎子刺到了，同样要引起重视，因为这也
会要人命。急救的方法同被毒蛇咬伤时相似，这里就不再重复了。

　　以上讲的是应对被毒蛇和蝎子伤害的急救知识，希望大家谨记在心。当然，
希望大家永远不要遇到这种倒霉的事情，但如果不幸遇到了，在不方便就医的情况
下，要赶快进行自救。

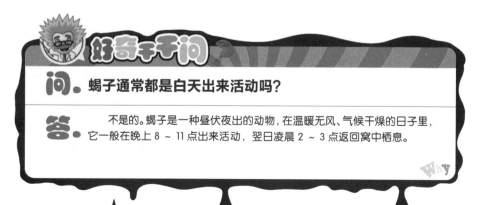

好奇千千问

问．**蝎子通常都是白天出来活动吗？**

答．　　不是的。蝎子是一种昼伏夜出的动物，在温暖无风、气候干燥的日子里，
它一般在晚上 8～11 点出来活动，翌日凌晨 2～3 点返回窝中栖息。

Why

[美国] 约翰·巴勒斯

知更鸟

约翰·巴勒斯，美国自然主义文学巨匠，一生醉心于体验自然、书写自然。代表作有《醒来的大自然》《冬日的阳光》《诗人与鸟》《蝗虫与野蜜》等。其中，《醒来的大自然》是巴勒斯最受欢迎的一部作品，被誉为"自然文学领域的经典之作"。

知更鸟通常在美国南部过冬，等春天来临时它们又会飞回美国北部的森林。三月时，这里的知更鸟并不多，它们要到四月时才能形成一个庞大的群体。那时，知更鸟会成群行动，飞越草原与森林。它们真是一个欢乐的群体，在空中不停地打闹，在林间自由地嬉戏，尽情享受春日的美妙。大自然中，到处都留下了它们的欢歌笑语。

在纽约州，知更鸟经常出没于空旷的地方，天气晴好的日子，它们会在那里引吭高歌。它们的歌声特别甜美，如果将众鸟召集起来，在森林中举行一场歌唱比赛，知更鸟一定会取得很棒的成绩。

冬天时，人们只能围着火炉闲聊度日，但是知更鸟甜美的歌声能打破冬季的沉闷，驱散冬日的严寒。一旦有一只知更鸟一展歌喉，其他知更鸟很快就会跟着唱起来。它们为什么会这么高兴呢？

啊，原来是久违的春天来了！

虽然知更鸟只是一种很普通的鸟，但它和人类的关系非常亲密，一直以来都是人类的好朋友，所以千万不要小看了它。

我循着知更鸟的歌声而去，竟然发现了一个非常粗糙的鸟巢。原来歌唱家知更鸟的家竟这样简陋！

蜂鸟住在知更鸟的隔壁，人家的房子建造得可漂亮了，墙壁上面还装饰着一些绿色的小树枝。

知更鸟的另一个邻居是极乐鸟，人家也把家收拾得既干净又漂亮。相比之下，知更鸟的家显得十分寒酸，这可能是因为知更鸟整天忙于歌唱事业，才没有工夫去仔细打理自己的家吧。

很多鸟都将自己的巢建造在大树的细枝上，这些巢犹如一座座空中城堡，当有风吹过的时候就会晃荡不停。这种巢并不利于鸟宝宝的安全，因为它们一不小心就会掉下来摔死。

相比之下，知更鸟就很聪明，它将巢建造在低矮且牢固的地方，而且喜欢和人类比邻而居。于是，我们经常会见到一些调皮的孩子爬到树上，和知更鸟宝宝一起玩耍。

问． 每年经过远距离迁徙后，知更鸟为什么仍然能够准确无误地回到自己的原住地？

答． 根据科学研究，知更鸟眼球中的感光细胞能够感知地球磁场，所以它能为自己导航，从而找到原住地。

[法国] 乔治·布封

莺

乔治·布封（1707—1788），法国著名的博物学家。他最大的贡献就是编著了《自然史》。这本书前后耗时55年，共分44卷，包括地球史、动物史、人类史、鸟类史、矿物史等内容，书中丰富的素材为后来的科学研究提供了依据，而优美的文笔又使得这本书具有很高的文学价值。

冬天是一个非常沉寂的季节，确切地说，是大自然冬眠和沉睡的时期。昆虫停止了一切活动，爬行类动物潜伏着一动不动，大地失去了绿色，了无生机，人们一个个面容憔悴、神情忧郁，水中生物的生命被冰封在牢狱中，走兽们大多藏身于地洞、山洞或岩洞里。可以说，放眼望去，天地间一片萧条与孤寂。终于，初春时鸟儿们回归了，大自然苏醒了。这些小生命活跃于树林中，用它们清脆嘹亮的歌声唤醒了沉睡的大自然；树木也开始吐露新芽，树林穿上了嫩绿色的新衣。一切都在提醒人们：生命重新回到了人间。

在森林的鸟类成员中，莺的数量最多，性情最可爱。它们轻盈活泼，一举一动都是那么敏捷，它们的歌声是那么悦耳动听。可以说，它们所有的行为都是爱的表达。树木生长、花蕾绽放时，这些可爱的鸟儿就飞回了我们身边。其中，有一些来到了我们的花园，有一些飞入了林荫大道和丛林，也有一些飞进了大森林，还有一些悄然隐身于芦苇荡。就这样，它们轻巧的身影跳跃于大地的每个角落，愉快的歌声传遍了田野。

大自然赋予了莺诸多优点，不过，大自然仿佛光顾着赋予它们可爱的性情，而忘记美化它们的羽毛了。它们的羽毛颜色暗淡，没有光泽，只有两三种莺的羽毛上有装饰性的斑点，其他莺的全身都呈暗灰色或暗褐色。尽管这样，我们还是想在其优雅的气质中增添"美丽"这个光环。

莺居住在树林中、花园里或者菜地里，有时会栖息在蚕豆藤的支架上。它们在这些地方筑巢、嬉戏，不断地飞进飞出，一直到收获的季节。那时，它们会往南迁徙，离开这片乐土。

观看莺追逐、戏耍就好像在看一场小型戏剧，它们之间的打闹是没有敌意的，就算争斗也是闹着玩的，而且争斗结束时它们总会唱起欢快的歌。莺不是一种忠于爱情的鸟，但是，莺是快乐的、活泼的。莺并不是冷漠，也不是对爱情缺乏忠贞。雌莺孵蛋时，雄莺会百般呵护，并和雌莺共同照顾刚出生的小莺。即使等小莺长大后，它们也不分离。

莺天生胆小，甚至会害怕与其一样弱小的鸟类，当然更害怕对它来说最危险的天敌——伯劳。可是等危机一解除，它们就把一切都忘了，不一会儿，它们又变得很快乐，唱起了歌。它们喜欢在茂密的丛林中唱歌，把自己深深地隐藏起来，或许会在灌木丛中露一会儿脸，但很快便会返回丛林深处，炎热的中午时分尤其如此。清晨，我们会看见莺采饮露珠；夏季阵雨过后，我们会看见莺站在湿淋淋的树枝上跳跃，用树枝上的雨水为自己沐浴。

在所有的莺中，黑头莺的歌声最为持久，也最为动人。我们可以长久地聆听黑头莺的歌声，在春天的唱诗班离去之后的好几个星期里，我们依然能够听到黑头莺的歌声在树林中回响。它们的歌声欢快明净，尽管音域不太宽广，但十分动听，就像一连串神奇的音符，曲折婉转，富有层次。它们的歌声表现出树林的清新与宁静，让人感受到幸福，听到它们的歌声，人们都会动情。

[法国]乔治·布封

燕子

　　燕子通常在春分后不久飞到法国南部。在这之前它们在中部地区，晚些时候它们又会飞到北部地区。但是，不管气候多么温暖或多么寒冷，它们总在那个时候出现在法国。

　　对于每一只为我们报春且为我们效劳的鸟儿，我们都应该欢迎并善待，充分保证它们的安全。很多人只在心血来潮时才会想到去保护它们，也有人痴迷于它们，但更多的人会捕杀燕子，那些人之所以如此喜欢这种非人道的娱乐，其实并没有什么复杂的动机，只是想借此炫耀一下自己的射击技巧。令人费解的是，这种天真无邪的鸟儿似乎并不怕枪声，哪怕当猎人向它们发起残忍无情的攻击时，它们也没有想着躲避。讽刺的是，人们捕杀燕子，却使自己的利益受到了损失。这是因为，燕子的存在使植物免遭一些害虫的侵袭，这些害虫不仅会破坏树木，还会糟蹋庄稼。它们常常会给某个地区造成巨大的损失，而燕子和其他益鸟则会帮助我们减少这种损失。

　　这些鸟雀靠飞行时捕捉到的有翅昆虫为食，但由于昆虫的飞行高度会随着天气的变化而变化，因此当天气寒冷或者下雨时，它们就降低飞行高度，以便捕食昆虫。它们贴着地面飞行，在植株上、草地上、道路上寻找昆虫；贴着河面飞行，有时会将半个身子浸在水中捕食昆虫。食物匮乏时，它们会钻进蜘蛛网中，跟蜘蛛争抢猎物，甚至吃掉蜘蛛。

燕子和夜莺的飞行方式不同，主要体现在以下两个方面：第一，燕子飞行的时候并不发出低哑的嗡嗡声，这是因为它不像夜莺那样张着嘴飞行；第二，因为燕子没有长而有力的翅膀。然而它飞行起来却比夜莺更加轻巧优雅，这是因为它看得远，可以充分发挥双翅的力量。因此，飞行是它生来就具有的能力，也是它时刻需要保持的状态：它飞着进食、喝水、洗澡，有时候还飞着哺育小燕子。

它的行动可能没有隼那么敏捷，但它更轻巧，也更自由，既能猛地俯冲，又能悠然地滑翔。天地间都是它的地盘，它尽情地遨翔其中，仿佛就是为了享受飞翔的愉悦，口中的呢喃正是它快乐的表现。有时候，它想捕捉飞来飞去的昆虫，就轻巧灵活地追着它们飞行，或者舍弃这一只去追赶另一只，结果在飞行中捉住了第三只；有时候，它会轻轻地掠过水面或者地面，去捕捉那些聚在一起的昆虫；有时候，它用迅捷灵活的动作，躲避猛禽的袭击。它能一直快速飞行，并随时掉转方向，似乎是要勾画出一幅迷宫似的图案。它的飞行路线似乎没有规律可循，时而飞升时而降落，时而消失时而重现，飞行的轨迹纷繁复杂，我们无法用线条，更无法用言语将之勾勒出来。

[美国] 约翰·缪尔

啄木鸟

约翰·缪尔（1838—1914），美国著名的环保运动领袖。他一生为保护自然
而奔走于美国各地，并呼吁全社会建立正确对待自然的价值观念，对美国的自
然生态保育工作影响极大。他所著的关于探索大自然的作品，也在全世界广为
流传。

约塞米蒂国家公园里生活着很多啄木鸟，它们大小各异，和人的关系亲密，正
是因为它们的存在，公园里终年生机盎然。在这些啄木鸟中，有三种最引人注目，
它们分别是象牙喙啄木鸟、刘易斯啄木鸟和加利福尼亚啄木鸟。其中，象牙喙啄木
鸟的体形庞大，在世界上所有的啄木鸟中排名第二。刘易斯啄木鸟的体形也很大，
看起来神采奕奕，飞翔的样子和乌鸦很像，当然，它的工作也包括啄打树皮，只不
过这并不是它的主要工作。它的主要食物是浆果，而树皮里所储存的大量橡子则为
加利福尼亚啄木鸟越冬提供了很好的食物来源。和其他种类的鸟相比，加利福尼亚
啄木鸟非常美丽。它们活跃在1000多米高的开阔山林上空，作为一个活泼、勤劳、

聪明的群体，它们的存在给大自然增添了无限生机，尤其是在秋天橡子成熟的时候。这种啄木鸟采集橡子时非常辛苦，其程度是无法和松鼠采集松子相提并论的。为了将采集到的橡子储存起来过冬，它们会在黄松以及北美翠柏木质的厚树皮上钻一个小孔，孔眼的大小和橡子差不多，因此，当橡子被放进去的时候，二者可以嵌合得天衣无缝。这样，每一粒橡子都有一个单独的粮仓，它们储存在里面，无论多么恶劣的气候都奈何它们不得。贮藏食物最累的办法当属这种"一个坚果一个谷仓"的做法了。这些鸟不知疲倦地拼命工作，仿佛要将森林中所有的橡子都采集并储存起来似的。

不过，人们普遍认为，加利福尼亚啄木鸟不可能吃橡子，也从来没有打算要吃橡子，它们之所以将采集到的橡子储存起来，可能只是为了防止橡子里面生出的虫子被松鼠吃掉。因为刚从橡子里面生出的虫子非常瘦小，无法果腹，所以加利福尼亚啄木鸟便将它们圈养起来，如同圈养一头瘦弱的小牛一样。这些虫子过着丰衣足食的生活，等到长得肥硕健壮的时候，加利福尼亚啄木鸟便会吃掉它们。于是，人们将这种啄木鸟比作拥有成千上万只虫子的"牧人"。在这一点上，加利福尼亚啄木鸟和蚂蚁有点类似，为了获得食物，蚂蚁有时会在植物上养寄生虫。

这种观点无疑荒诞至极，然而，有些自然主义者对此深信不疑。我认为，啄木鸟之所以辛辛苦苦地将橡子嵌进树皮里面，是为了在冬天食物匮乏的时候不至于饿肚子，我曾亲眼见过加利福尼亚啄木鸟吃橡子。在暴风雪肆虐的日子里，它们似乎只吃这一种食物。我发现，它们是连壳啄食里面的果实的。所以，如果橡子里面长有虫子，它们就会连虫子带橡果一起吃进肚里去。在没有其他更好吃的食物的情况下，它们还是非常喜欢吃这些橡子的。为了防止松鼠前来偷取橡子，加利福尼亚啄木鸟始终小心翼翼地保护着自己的食物，直到享用完为止。印第安人会在食不果腹的时候，来到加利福尼亚啄木鸟出没的西洋杉或者松树下，用手从树中挖出一些橡子来吃。加利福尼亚啄木鸟虽然不愿意见到自己辛苦储藏的食物被人类抢走，但也无可奈何。

[法国] 乔治·布封

天鹅

　　不管是在动物社会还是在人类社会，依靠暴力即可成就霸主地位的时代已经一去不复返了，现在必须依靠仁德才能造就贤君。

　　天鹅，凭借着高尚、宽厚、自爱等美德而受到人们的喜爱。天鹅有威严，有力量，还有勇气，但它只有在自卫时才会使用武力。它善战，通常能够轻松取得胜利，但它从不主动攻击别人。作为水禽世界里的君王，它倡导和平，不挑衅，不侵犯，但这并不代表它怯懦，它敢于与空中霸主——鹰相抗衡。天鹅的武器是那对强健的翅膀，上面长着坚韧的羽毛，可以进行持续有力的扑击，能够有力应对前来进犯的尖嘴利齿的鹰。

　　天鹅与大自然和平共处，与其说它是以君主的身份护卫着水禽类动物，不如说它是以朋友的身份细心地照顾着它们，而那些水禽，个个对它俯首帖耳，毕恭毕敬。天鹅就这样领导着水禽世界，并致力于追求宁静与和平。得到多少帮助，它便会给予多少回馈。对于这样的领袖，水禽世界的成员自然会感到亲切，而不是畏惧。

　　天鹅外形优美，体态优雅，与它温柔的性格十分相称。看到天鹅的人，都会感到赏心悦目。天鹅所

到之处，都会成为焦点，为当地添色不少，人们都很喜欢它。可以说，大自然赋予天鹅太多优点，它那秀丽的身姿、圆润的体态、迷人的线条、雪白的毛色、轻盈的动作，时而英姿勃发、时而悠然自得的姿态，无不散发着魅力。它们是那么超凡脱俗，让人感到舒畅和陶醉。在古希腊神话中，天鹅还被称为"爱情之鸟"。

看到天鹅雍容灵动的样子，我们会发自内心地认为它不仅是水禽世界里无可匹敌的领袖，还是大自然创造出的最美丽的船。的确，它的颈项高高昂起，丰满的胸脯直直挺立，就像穿行于惊涛骇浪中的船头；它的腹部扁平，就像船底；身子向前倾斜，像是船舷；它的尾巴就相当于船舵；它的脚掌很宽阔，就像是船桨；它的一对大翅膀迎风微张，就像是船帆，推动着这艘拥有生命的船。

天鹅知道自己很高贵，所以十分自豪；知道自己很美丽，所以洁身自好。它似乎有意展示自己身上的优点，博得人们的赞美。事实上，它也的确让人百看不厌。

如果我们远观天鹅结伴游戈于烟波浩淼的湖水中，就会发现它们犹如长了翅膀的船队一样，自如而轻盈；如果我们近距离地欣赏，就能发现它的动作柔美、优雅，尽显妩媚与风姿，让人惊叹不已。

天鹅不仅天生丽质，而且热爱自由，喜欢无拘无束地生活在湖泊里，如果它享受不到充分的自由，感到自己被奴役、被俘虏了，它是断然不会逗留于那里的。它要在水上任意遨游，或者到岸边着陆，或者游到湖心，或者躲到杂草丛中，钻进偏僻的港湾中，不久又离开那个幽居之处，来到有人类的地方，与人类安然相处。天鹅似乎很喜欢人类，它认为人类是它的朋友。

天鹅的各个方面都是家鹅所无法媲美的。家鹅只吃野草和籽粒，天鹅则会不辞辛苦地去寻找更鲜美的食物，它会想尽各种办法捕捉鱼类，摆出各种姿势以求成功。它善于避开天敌，同样也会顽强地抗击天敌。面对天敌，天鹅毫不畏惧，会用劲地挥动自己的翅膀予以反击。总之，天鹅非常勇猛，不畏惧任何暗算或攻击。

人工驯养的天鹅，叫声粗浊，类似于人类的哮喘声，俗语所说的"猫念咒"大概就是指这种声音。听着这种声音，人们可能感觉是天鹅在示威，或是在表达愤怒。在古人的描述中，那些叫声清亮的天鹅非常引人称赞，很显然古人说的不是这种声音浑浊的家养天鹅。野天鹅的天然特质保持得比较好，因为它享有充分的自由，所以也就会有天然动听的圆润嗓音。的确如此，从它的鸣叫声中，或者说从它的啼唱声中，我们可以听出一种节奏鲜明、悠扬婉转的歌声，犹如军号般响亮。

此外，古人还将天鹅称为"神奇的歌手"。他们认为，对于生命的终结，虽然有很多动物会有所感怀，但只有天鹅在弥留之际会唱一首生命的挽歌。传说，天鹅

在即将死去的时候发出这种柔和、感人的声调，是要对生命作一个深情而哀伤的告别。这种声调，如怨如慕，如泣如诉，只有在风平浪静的拂晓时分才会听到，曾有人看到天鹅在唱完这曲哀伤的挽歌后便气绝身亡。自然史上没有虚构的逸闻，在古代，没有一个寓言故事比这个传说更令人深信不疑，并广为流传。在古希腊时期，不管是诗人、雄辩家，还是哲人，都对这个传说深信不疑，他们认为这个传说本身实在太美了，所以根本不去质疑它。对此，我们深感理解。因为这个传说确实动人，能慰藉人们敏感的心灵，这是那些直白的历史事实所不能比拟的。

毋庸置疑，天鹅并不是在赞美自己的死亡。但是，每当人们谈到一个伟大的天才在临终前的最后一次出彩表现时，总会无限感慨地说："这是天鹅之歌！"

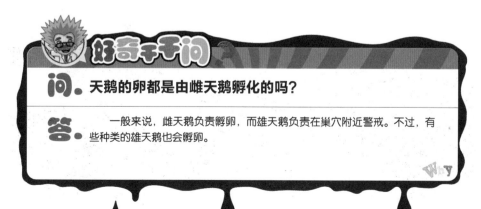

好奇千千问

问. 天鹅的卵都是由雌天鹅孵化的吗？

答. 　一般来说，雌天鹅负责孵卵，而雄天鹅负责在巢穴附近警戒。不过，有些种类的雄天鹅也会孵卵。

[美国]约翰·巴勒斯

秃鹫

秃鹫是一种很散漫的鸟，它们经常张着长长的翅膀，自由自在地遨翔于空中。对它们而言，遨翔是快乐的，也是一种休闲方式。不同的鸟有着不同的翅膀，有的能够上下翻飞，有的可以怡然自得地滑翔。秃鹫属于后者，它们非常享受这种悠然随意、与众不同的飞行方式。

秃鹫的眼神冷漠，透露着王者的气度，但它们喜欢追随乌鸦的步伐，心甘情愿地跟在乌鸦的后面。

到了寒冷的冬天，任凭寒风怒吼，秃鹫依旧淡定从容，不畏颠簸的气流，时而轻轻地摆动左翼，时而轻轻地晃动右翼，与凶猛强劲的风头抗争，悠然地在空中滑翔，优美地画出自己的航线。

秃鹫的身体构造非常精妙，几近完美。很明显，它们的肌肉很发达，在关键时刻总能表现得非常出色。它们巧妙地伸展着翅膀，恰当地分配着翅膀的力量，成功减少部分阻力，并最大限度地凭借自身的动力，勇往直前。

秃鹫的飞翔并不只是单纯地为了从一个地方快速转移到另一个地方，在这个过程中，它们也得到了享受。

秃鹫极具飞行天赋，因此它们把飞行当成了一种纯粹的消遣与休息。秃鹫从来不会考虑自己将要去什么地方，它们不喜欢搬迁栖身之所，只喜欢无拘无束地在空中翱翔，自如而愉快地将空气驾驭在双翼之下。

尽管秃鹫看起来既孤傲又高贵，但它们在自然界中只是所谓的清道夫，这个角色将它们的气质和习性悄然隐藏了起来。如今，它们仍然以啄食动物尸体为生。另外，秃鹫通常是哑然无声的。乌鸦聒噪，山鹰经常尖叫，金雕不时咆哮，只有秃鹫始终保持沉默。

据我所知，它们并没有发声器官，因此也就不具备发声的能力。在这种情况下，秃鹫只有缄默不言。然而，也正因此，秃鹫更显得深不可测。

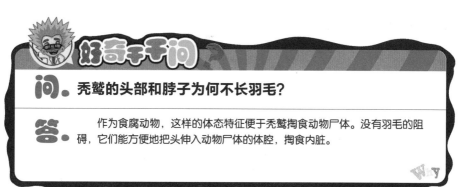

好奇子子问

问. 秃鹫的头部和脖子为何不长羽毛？

答. 作为食腐动物，这样的体态特征便于秃鹫掏食动物尸体。没有羽毛的阻碍，它们能方便地把头伸入动物尸体的体腔，掏食内脏。

[法国]乔治·布封

鹰

在体魄和精神方面，鹰和狮子有很多相似的地方，它们都有风度和力量，所以狮子被誉为"百兽之王"，而鹰则被称为"百禽之首"。鹰是一种高傲的鸟，它不屑于与普通鸟雀等动物计较，即使遭到它们的进犯也懒得搭理，除非那些多嘴多舌的乌鸦、喜欢嚼舌头的喜鹊叽叽喳喳叫个不停，它实在忍无可忍才会将它们弄死。鹰只关注自己想要征服的目标，并注重享受自己的猎物。它从不暴饮暴食或贪婪地吃掉所有的战利品，而是像狮子一样，总是慷慨地剩下一些食物，留给别人享用。即使被饿死，它也不会扑向那些散发着腐臭气息的尸体。

鹰和狮子一样孤傲，守护着属于自己的领域，维护着自己在地盘内猎食的绝对权力。通常，两群狮子是不会共处于同一片树林的，而两只鹰共同占领一个地方的情况就更少见了。鹰与鹰之间总是保持着一定的距离，以保证彼此都有足够的猎捕食物的空间。一般情况下，鹰只是根据食物的多寡来决定是否扩张自己的地盘。

鹰的双眼炯炯有神，眼珠的颜色和爪子的形状都同狮子的类似，呼吸同狮子一样低沉，叫声同狮子一样洪亮。这两种动物的捕猎本领是与生俱来的，它们都很凶猛、高傲，很难被驯服，要想驯服它们，只能从它们小的时候开始。驯鹰是一件需要耐心的事情，只有技巧高超的人才能将小鹰训练成捕猎的高手。鹰随着年龄的增长，力量也会增长，因此它也就愈发会对主人的安全构成威胁。

据记载，曾经有人驯养猎鹰，让它们帮助人们捕食。但现在这种行为已经消失了，究其原因，大概有两点：一是鹰太重，人将其架在肩膀上实在是感到不堪重负；二是鹰性情暴躁，不易驯化，主人常常拿它没有办法。

鹰的喙和爪子都呈弯钩形，十分可怕，这种野性十足的形象也代表着鹰的天性。此外，鹰的身体非常健壮，双翼和双腿强劲有力，骨骼结实，肌肉有力，羽毛很硬，姿态英武逼人，一旦展翅翱翔，非常迅速。

鸟中数鹰飞得最高，因此古人将其誉为"天禽"。古人认为鹰是天神的使者，因此常常通过观察它的飞行来占卜人间的事情。鹰的视力很好，但是嗅觉相对较差，在这一点上不如雕，因此鹰只能依靠敏锐的视觉捕食。一旦抓捕到猎物，鹰就会往下沉，它一般会将猎物重重地扔到地上，看看猎物的重量，然后再将之带走。虽然鹰的一对翅膀非常有力量，但是它的两条腿却不太灵活，这就使得鹰在起飞的时候有点吃力，特别是在负重时，更不容易在地面上站稳。鹰要想带走鹅、鹤等大型飞禽，可以说不费吹灰之力，它甚至还能袭击小牛和小鹿。等猎物停止挣扎时，鹰往往会先就地享用一番，然后再把剩下的碎肉带回自己居住

的"地巢"。人们之所以称它居住的地方为"地巢",是因为鹰将它建得像平地一样,与其他鸟巢凹陷的样子迥然不同。

鹰通常把巢建在两块陡峭的岩石间,因为那里相对干燥,其他动物不易靠近。鹰的巢非常结实,建成后便可终身使用,可谓建筑中的杰作。为了建巢,鹰会找来很多一两米长的树枝,使它们相互叠压,并用一些柔软的枝条缠着,再往里面铺上一些灯芯草、欧石楠枝等。鹰巢很宽,而且很坚固,不仅能容纳成年鹰和小鹰一起住在里面,还能盛放大量食物。鹰巢的上面没有顶,但有一个天然的遮挡物,那就是向前突出的岩石。雌鹰通常选择在巢的中央下蛋,一只雌鹰一次会产下两三枚蛋,蛋的孵化期为30天左右。由于雌鹰也会产下没有受精的蛋,所以一次一般只会孵出一两只雏鹰。甚至有人说,雏鹰长大后,雌鹰会杀死其中较弱小或者较馋嘴的那只,雌鹰之所以这样做,主要是因为食物匮乏,它想尽量减少家庭成员的数量。而且,等雏鹰长大后,父母会将它们赶出家门,独立觅食,而且再也不让它们回来。

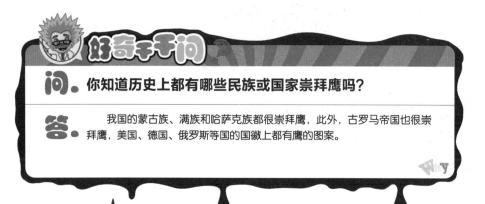

好奇千千问

问。 你知道历史上都有哪些民族或国家崇拜鹰吗?

答。 我国的蒙古族、满族和哈萨克族都很崇拜鹰,此外,古罗马帝国也很崇拜鹰,美国、德国、俄罗斯等国的国徽上都有鹰的图案。

[法国] 乔治·布封

马

　　豪迈而剽悍的马分担着人类征战的辛苦，同时也分享着人类胜利的光荣。在战场上，马和骑士一样英勇无畏，危急时刻慷慨赴难，勇往直前。它们享受战场上短兵相接时的铿锵之音，并且喜欢追随这种声音。

　　除了在战场上展现自己的风采，它们在狩猎时、比赛时以及奔跑时都因出众的表现而给主人带来巨大的愉悦。

　　马知道顺从，懂得节制，不随意显露自己的烈性子。当主人骑马时，马不仅会听从主人的指令，还会察言观色，揣摩主人的意图，从而决定自己是要奔跑、缓行，还是停下脚步。因此，马生来就是一种利他的动物，有些时候，它们还会迎合

主人的心意，以敏捷而精准的动作去执行主人的命令。

此外，马为了给人们提供更好的服务，满足人们的种种期待，在必要的时候甚至不惜牺牲自己的生命。

具有以上特点的马，从小就被人养育、驯化，并且经过专门训练。正是由于接受了人类的教育，它们丧失了自由，整日处于被束缚的状态，因此我们无法看到它们的原始状态。它们工作时始终披鞍戴辔，人类从来没有想过要解除它们身上的这些枷锁，即便在它们休息的时候。人类即使偶发善心，让它们在牧场上自由地行走，它们也难以去除被奴役的枷锁：腹部的一侧布满了伤痕，或者是被马刺刮出了痕迹；蹄子已经被掌钉洞穿；颈部被辔头勒得严重变形。而且，这些马的姿态也极不自然，即使将它身上的羁绊全部解除，它们也不会像野马那样活泼自在。还有一些马的额头上覆盖着一层美丽的鬃毛，领鬣被编成了小细辫子，身上披着华丽的金丝和锦毡。虽然马身上有这些装饰，但主人的初衷并不是为了装饰它们，而是为了满足自己的虚荣心。人类的这些举动，同样是对马的侮辱，和往它们的蹄子上钉上铁掌是一样的性质。

对于动物来说，人们对它们的装饰再美，也比不上它们自身的美，因此，最重要的就是让它们表现出自由自在的天性。生活于南美洲的野马就是一个例子。它们自由自在，丝毫不受约束。它们为自己拥有这种生活而感到骄傲，不屑于受到人类的照顾，因为它们自己完全可以找到食物。在一望无际的草原上，它们自由地跳跃、奔跑，自由地寻找大自然提供的食物；它们四处为家，广袤的草原就是它们的庇护所；它们呼吸着清新的空气，这些空气比人类给它们提供的住所里的空气要洁净得多。所以，比起被人类所圈养的马，这些野马更加强壮、遒劲与敏捷，因为它们身上拥有大自然赋予的特质——高贵的气质和充沛的精力。而那些被人类所圈养的马，则只具备人类所赋予的特质——妍媚与技巧！

马还具有其他天性。它们天生狂野、豪迈，但并不凶猛，尽管它们比许多动物都更有力气，却从来不去攻击其他动物。如果马遭到了其他动物的攻击，也仅仅是将对方赶走而已，绝不会主动去和对方厮杀。它们常常结群行动，目的只是为了体验群居的快乐，而不是因为惧怕别的动物才团结起来御敌。另外，马的食物——草粮非常充足，而且它们对肉类不感兴趣，所以不需要与其他动物为争夺食物而战。它们更不会去伤害比它们弱小的动物。马之所以能够同其他动物和平相处，是因为它们欲望简单而且善于克制自己，并且大自然为它们准备了足够的食物。关于马的优良品质，我们可以从人类饲养的马群中看出来。

马天性温和，而且合群，所以当人们需要马表现出热情和力量时，只有通过竞赛的方式。比如，马奔跑时会努力向前，在战场上时会争着过河和逾越战壕，哪怕

有生命危险，它们也会奋勇向前。

奔跑在队伍前面的马，是最勇猛的，也是最优秀的，然而一旦被人类驯养，它们又变得十分温和。

除了具有以上优良的天性，马的身姿也很美。自然界中有很多身材高大的动物，但马的身体比例是最匀称、优美的。如果把马作为参照物，驴子就显得很丑，狮子的头显得过大，牛的大身躯与小细腿十分不相称，骆驼则显得畸形。而那些比马大的动物，如大象、犀牛等，更显得像没有形状的肉团。

另外，马的颚骨向前伸出，显得特别长。不过，它们的脑袋看起来很匀称，神情十分轻松，这又与它们颈部的线条相得益彰。所以，马抬起头的样子看上去十分高贵。

马的眼睛炯炯有神，而且目光非常坦诚；它们的耳朵形状很好，既不像牛耳那样短，也不像驴耳那样长；马的鬃毛与头部非常匹配，可以说很好地装饰了颈部，使它们显得既强劲又高傲；它们的尾巴又长又密，既不同于象、鹿的短尾巴，也不同于骆驼、犀牛、驴子的秃尾巴。马的尾巴向下低垂，不像狮子尾巴那样向上翘起，这对它们来说非常适宜，马可以左右摆动尾巴，从而赶走那些烦扰它们的苍蝇了。因为虽然马的皮肤很坚实，而且还长有又厚又密的毛发，但它们仍然害怕苍蝇的叮咬。

[英国]莎拉·鲍迪奇·李

猫

莎拉·鲍迪奇·李（1791—1856），英国著名的作家、动植物学家和旅行家。代表作有《英国的鸟类》《鸟类、爬行动物和鱼类的习惯和轶事》等。她对动物生活的描写充满了趣味，深受读者喜爱。

对于猫，我们并不感到陌生，它可是帮助人类消灭老鼠的一大功臣。猫一向被冠以温柔、优雅、神秘、高贵的标签，同时以可爱、美丽而备受人们青睐。

那么，让我们来听一下圣约翰先生与猫的故事吧。

有一天，圣约翰先生正在松软的石南路上悠闲地散步，忽然窜出一只野猫，它身上的毛发根根竖立着。圣约翰先生朝四周看了一眼，发现原来有三只斯凯狗正在追赶这只猫。猫被逼得走投无路，钻进了一个角落里。这几只狗紧随着它也跑了过去，大声吠叫着，想将猫驱赶出来。可是，猫纵身一跃，从狗的头顶上飞了出去，径直朝圣约翰先生的脸上扑来。圣约翰先生恰好刚削了一根长短适中的棍子，于是他拿着棍子朝猫打了过去，然后猫就落了下来，居然毫发无伤。那三只狗趁势将它赶跑了。因此，大家说猫不是有9条命，而是有12条命。如果其中一条命被夺走了，还有剩下的那11条命保护它。

家养的猫经常会跑到树林中去捕食，但我们通常认为这些猫和野猫不同。母野猫比公野猫、家猫都要小，它通常栖息于岩石的裂缝中，等快要生育幼崽的时候才可能去霸占一些大一点的鸟巢。在俄国、德国、匈牙利以及欧洲北部地区，野猫随处可见，它的皮毛的色泽和长度和英国的野猫完全不一样。

猫的睡眠时间很长，每天大概会睡12～16个小时，不过它的睡眠很浅。它喜欢拱起背，竖起身上的毛发，生气的时候则会将尾巴也高高立起。对于很多事物，猫都很好奇，有时候会用鼻子闻上好长时间，在这一点上，猫的好奇心比人类还要强烈。它感兴趣的事物通常有房子、新家具，以及一些独特的气味。

尽管猫会捕捉老鼠，但它很少去吃自己咬死的老鼠。为了捕到猎物，它通常会在洞口等上好几个小时，等抓到猎物后就将其带到屋子里，在主人面前得意地炫耀一番。猫是很害怕水的，但是为了从水中捉到鱼，它会强迫自己克服这个缺点，因为它实在太喜欢吃鱼了。

猫有可能前一分钟还在跟你玩，后一分钟就抓破你的脸。猫之所以会出现这种截然不同的态度，并不是因为它背叛了你，而是因为它的神经系统极度兴奋。

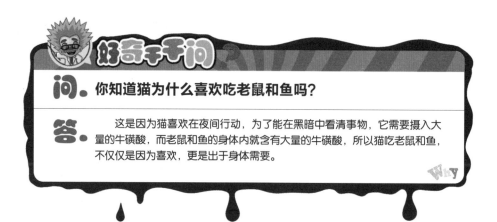

好奇千千问

问。 你知道猫为什么喜欢吃老鼠和鱼吗？

答。 这是因为猫喜欢在夜间行动，为了能在黑暗中看清事物，它需要摄入大量的牛磺酸，而老鼠和鱼的身体内就含有大量的牛磺酸，所以猫吃老鼠和鱼，不仅仅是因为喜欢，更是出于身体需要。

Why

［法国］乔治·布封

松鼠

松鼠是一种半野生动物，它美丽、可爱、温顺，而且天真无邪，所以受到许多人的喜爱。

松鼠有时也会捕捉一些鸟雀，但它主要食用水果、榛子、橡栗和榉果；松鼠活泼、灵敏、机警、洁净、灵巧、神采奕奕；它面庞清秀，体态可爱，四肢矫健；它的尾巴非常漂亮，而且可以上翘到头顶，遮住它的身体。

和其他四足动物不同，松鼠平常都是直立而坐，用前爪往嘴里送东西吃。它喜欢生活在阳光明媚的树林中。它拥有像鸟雀一样轻盈的身姿，还像鸟雀一样在树上筑巢，生活在树枝上，只有在狂风大作、大树摇动不已时才会来到地上。在田野里和平原上，我们一般看不到松鼠的踪影，它不喜欢待在矮树丛中，它喜欢生活在高高的树上，栖息在郁郁葱葱的树林中。松鼠惧怕水，当必须涉水时，它会用树皮当船，用尾巴当桨划水。它不冬眠，总是一副机警的样子，只要被惊动了，它就会迅速逃离自己的巢穴，躲到另一棵树上，或者藏身于某根大树枝下。夏天时，它会采集很多榛子，填埋到树洞或树的缝隙中，储存冬天的口粮；冬

天时，它会用爪子刨开大雪，寻找食物。它发出的声音比石貂更响亮、更尖锐，每当被惹恼时，它会闭着嘴发出低沉的吼声。它的身体轻盈，所以它通常是连蹦带跳着前进；它的爪子非常尖利、动作十分敏捷，转眼间就能爬上树皮光滑的山毛榉树。

夏天的晚上，松鼠会在树上追逐嬉闹，这也许是因为它畏惧阳光的灼晒，所以才晚上出来觅食、打闹。它的巢穴通常搭建在树枝上，既能避雨，住着又很温暖。搭建巢穴时，松鼠通常会先寻找一些小树枝，并用苔藓编扎一下，然后用后肢将其踩实、挤紧，使巢穴既宽敞又坚固，以便它和幼崽能够安全地生活在里面。巢穴的出口比较狭窄，通常朝向高处；出口的上面有一个像屋顶一样的圆锥形顶棚，可以防止雨水流进洞里。

松鼠一次通常会生下三四只幼崽。等寒冷的冬天过去，它身上的旧毛就开始脱落，之后便会长出颜色较深的新毛。它用前爪和牙齿梳理毛发；松鼠很干净，没有难闻的体味；它的肉味道鲜美，尾巴上的毛还可以用来制作毛笔。

［英国］莎拉·鲍迪奇·李

长颈鹿

　　据说，长颈鹿是陆地上最高的动物。对于这种动物，大家了解多少呢？下面，我们就来认识一下动物界的这位朋友吧。

　　很久以前，人们认为长颈鹿是传说中的动物，虽然《圣经》中并没有记载它，但勒威能十分肯定是上帝创造了它。勒威能的写作风格有点偏向浪漫主义，不太符合英国人的胃口，所以英国人对他的这种说法一直持怀疑的态度。

　　当时，很多人已经开始使用由长颈鹿的皮毛制作的物品了，不过涉及的范围并不广泛。直到加里东勋爵从开普敦带回了一件用长颈鹿的皮毛制成的皮衣，才让人认识到的确有这种动物存在。曾经有一只长颈鹿被带到了巴黎，深得当时的国王乔治四世的喜爱，他将它视作自己的宠物。现在，长颈鹿大多被关在动物园中，这就导致野生长颈鹿的数量不断减少。

　　长颈鹿的身体很壮实，四肢修长，这样的身体结构使它行动时显得比较笨拙。如果它走得快一些，身体就会摇摇晃晃的。如果它奔跑起来，后腿就可能会被前腿绊住，行动十分不便。虽然长颈鹿的脖子很长，但不能大幅度弯曲，所以当长颈鹿想喝水时，会把前腿分得很开。

　　长颈鹿缓慢行走的时候，步伐庄重，姿态优雅。它头上的那对犄角很小，但很坚硬，它的前额上还长有一块突出的小骨。长颈鹿的眼睛很大，视野比较开阔。它的耳朵很长，听觉十分敏锐。它的舌头是黑色的，而且可以卷曲，这就使它很容易就能从树上拽下东西吃。而且，长颈鹿的上唇也很灵活，甚至可以包住下唇，这也便于它咬食东西。长颈鹿的皮毛大约有 4 厘米厚，非常光滑，上面还有一些不规则的褐色斑纹。

在自然界中，每种动物都有自己的天敌，长颈鹿也是如此。那么，长颈鹿的天敌会是哪种动物呢？经过调查，人类发现长颈鹿的天敌是"森林之王"——狮子。狮子总喜欢在长颈鹿群喝水的时候袭击它们，受到惊吓的长颈鹿往往拔腿就跑，而狮子则会猛扑上去，死死地咬住长颈鹿，直到它停止挣扎。在野外生长的长颈鹿很少出现烦躁不安的情况，所以人们认为长颈鹿是一种性格温顺的动物。

接下来，我们来看一下那只被送给乔治四世的长颈鹿吧。它刚到巴黎时，我正好也在那里。那只长颈鹿是由它的饲养员阿提带到巴黎的，一路上他们都非常愉快，欢声笑语不断。巴黎市领导组成的代表团特地前去迎接他们，市民也纷纷前去观看，把街道围得水泄不通。一位学识渊博的专家领着长颈鹿来到了欢迎会的现场。可是，那只长颈鹿似乎并不喜欢人们特意为它准备的盛大典礼，一副很不耐烦的样子，后来它突然挣脱了束缚，人群顿时骚乱起来，幸亏它的饲养员和骑

兵们眼疾手快，马上冲上去拦截了它。当时，市长也被迫身陷骚乱的人群所扬起的尘土当中。在后来的很长一段时间里，人们一提起它，情绪仍然很激动。

为了防止再次出现长颈鹿挣脱的事件，奥斯德立兹动物园安排了更多的人手，专门看守长颈鹿。人们对长颈鹿的热情始终不减，纷纷前往观看，这种情况一直持续了六个星期。

为了防止人们伤害长颈鹿，政府采取了很多相关措施。对于前来观赏自己的人群，长颈鹿显得十分友好，有时候会轻轻咬住他们的头巾，有时候还会去舔吻他们的额头，可以看出，长颈鹿很喜欢人们头上的饰品。除此之外，长颈鹿还喜欢玫瑰花，只要看见有人拿着玫瑰花或者戴着玫瑰花，它就可能会用嘴把玫瑰花衔走。

一般人都不知道长颈鹿的脖子能够伸多远。有一天，我来到长颈鹿的住处，喂它吃了些胡萝卜，然后便转身去看远处的奶牛。这些奶牛是和长颈鹿一起来的，而且一路上奶牛还给长颈鹿提供了牛奶。我本来打算也给奶牛喂一些胡萝卜的，可不幸被长颈鹿发现了，它没有移步过来，只是伸长脖子，绕过我的头，就直接将胡萝卜叼走了。看到这一幕，我的内心满是惊恐。

其实，我本不必感到惊恐，因为长颈鹿很温顺。饲养员阿提就住在它旁边，可是他有好几个晚上都没有睡好觉了，因为长颈鹿总用鼻子拱他，好像是在提醒阿提，要保持警惕似的。但是，阿提不理会它的提醒，他总是跑到附近的咖啡馆里喝咖啡，很晚才回来，尽管这样，阿提还是最爱长颈鹿。

[英国] 莎拉·鲍迪奇·李

羚羊

　　有这样一种动物，它长得很美丽，和鹿有很多相似之处，以至于人们常常把它误认为鹿，这种动物就是羚羊。自然主义者认为羚羊属于有犄角的反刍类动物，根据犄角的形状又将它们分为很多种类型。

　　有一种小羚羊，双目黑亮，四肢纤细，体态优雅，诗人称它为"东方美人"，常视它为宿命的象征。这种羚羊的肉质非常鲜美，是狮子、豹等猛兽最喜欢的美食。此外，羚羊皮可以用来制作一种特殊的鼓，所以它也是猎人猎取的对象，但是猎人要想捉到它，必须借助鹰的帮助，因为哪怕是速度最快的猎狗也追赶不上这种羚羊。

　　还有一种侏儒羚羊，它的体形非常小，就像锡兰的小鹿一样，主要分布于非洲中部的森林中。这种羚羊如同神话世界中的物种，可以说是我所见过的最美丽的生灵。它全身的皮毛又黑又亮，两只犄角非常细小，且微向内弯，四条腿十分纤细。这种羚羊虽然很小，但"麻雀虽小，五脏俱全"，它拥有羚羊的全部外貌特征。

　　我第一次见这种侏儒羚羊是在我叔叔家。当时，我一进门就看见一只精致的小动物，而它看到我后，警惕地打量了我一会儿，还抬起一条小腿随时准备逃离。我怕惊扰到这个可爱的小生灵，所以一动也不敢动，我希望它主动离开。但当我离开我叔叔家不久后，一个坏消息传来，这个可爱的生灵死去了。

海军上校费希尔先生准备带着这样一对小羚羊出海。为此，他将它们关在自己的小屋里，喂它们喝山羊奶，尽最大努力保护它们，不想让它们受到任何伤害。不料，当他们来到英吉利海峡后，小羚羊由于误食了几块软木而死去了。对此，我感到非常惋惜。这样美丽的生灵，还从来没有来过我家，哪怕在我家待上一天也好。

后来，我们又得到了一只侏儒羚羊，这个小家伙善于使用一个小伎俩——抬着小腿故意滑倒。据说这种小动物经常这样做。我耐心地喂养它，到哪里都会带上它，它有时候野蛮，有时候温柔。不久，我们就熟络起来。不过，两个星期后，它突然抽搐起来，很快就死去了。为此，我伤心了很长一段时间。

关于羚羊这种动物，非洲南部有很多。普林格尔先生说："我们曾去广袤的草原地带旅行，那里的气候非常干燥。但就是在那片土地上，栖息着很多羚羊，大概有两万只。它们把草原点缀得非常美丽。看见草原上的一群群羚羊，我们开心极了，但当发现我们飞奔过去的时候，它们很快就逃走了，我们无法近距离地观赏它们。我们发现，这个地方长期干旱，偶有来自北方的洪水，非常不适合羚羊生活，果然，这些羚羊不久后就迁徙到别处去了。"

卡明先生也告诉了我一些关于跳羚的事情。他说："当遭到攻击时，跳羚会跳跃着前行，它一次能跳三四米远，身上的羊毛也会随之翩翩飘荡。从空中落下来后，它会马上再次跳起来，这样连续跳上几次，就能逃到很远的地方。有时，它会停下来，弯着腰，扭着头，观察周围的情况。如果在前行的路上碰见了狮子或人类，它就会迅速跳着逃离。平时，跳羚喜欢结群行动，一个跳羚群里通常有上万只跳羚，它们会将所到之处的青草啃光，在这一点上，它们简直可以和蝗虫相提并论。"

卡明先生还说，地上到处都是跳羚，放眼望去，密密麻麻的一大片，看上去至少得有几千万只。它们就像流水一样，缓速向前推进。有人曾这样说："我骑着马走了一天，来到了一片广阔的平原，当时我简直惊呆了，因为呈现在我眼前的全部是跳羚，就跟在羊圈里，一只绵羊挨着另一只绵羊的场景一样。"

在非洲南部地区，还有一种大羚羊，又名南非长角羚，这种羚羊的外形也非常美丽。有人是这样描述它的："大羚羊的角长而笔直，鬃毛根根竖立，后面还拖着一条尾巴，看起来很像一匹长有羚羊头和羚羊蹄的骏马。它的血统很高贵，体形

像驴子，面部有黑色的条纹。大羚羊主要生活在贫瘠的地区，它很少喝水，反应机敏、动作迅疾，除非骑在它的背上，否则人类是不可能将它制服的。"

在非洲南部的好望角一带，生活着一种勇猛的角马，又名牛羚。它们是一种大型羚羊，数量没有跳羚多。角马体形庞大，头也很大，头上长有弯曲的角。曾经有一只角马把一条前腿绕进了头上的角里，怎么也弄不出来，由于无法奔跑，它一下子就被天敌逮住了。

角马的头上有很多长而粗糙的毛发，颈上长有鬃毛，后面拖着一条黑色的长尾巴，个头硕大，显得很狂野。

每年7月，随着旱季的来临，数以百万计的角马等食草动物会组成一支迁徙大军，浩浩荡荡地去寻找充足的水源和食物。

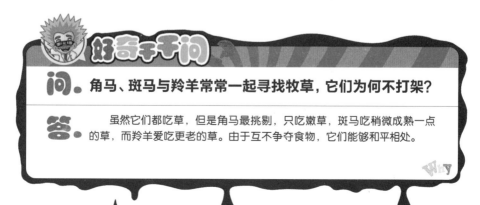

好奇子子问

问. 角马、斑马与羚羊常常一起寻找牧草，它们为何不打架？

答. 虽然它们都吃草，但是角马最挑剔，只吃嫩草，斑马吃稍微成熟一点的草，而羚羊爱吃更老的草。由于互不争夺食物，它们能够和平相处。

［英国］莎拉·鲍迪奇·李

猴子

　　有一种动物在外形上和我们人类非常相似，它们中的某些种类甚至能够直立行走，只是动作没有人类优雅。它们就是灵长类动物中的一员——猴子。

　　刚开始的时候，我对这些被人们称为"野人"的动物没什么好感。有好几年我都和它们生活在一块儿，但我会尽量避免见到它们。回国后，我的思想才发生了转变。

　　我和饲养员先生乘着船行驶在回国的途中时，天空忽然刮起了海风，打破了原本的平静。当时，船上的值岗人员正坐在船头附近，船长与乘客都在甲板上，我和舵手则坐在舰甲板上。我专注地看着书，而舵手则专注地操控着罗盘。

　　就在这时，我的耳边突然传来一个声音。我还没来得及转过头看是怎么一回事，就感到一个庞大的动物跳到了我的背上，紧接着又跳到了我的肩膀上，而我的脖子则被它用尾巴围了好几圈。我觉得它一定是船上的厨师杰克养的猴子，这只猴子平时非常调皮，特别喜欢模仿人的举动。尽管我不喜欢猴子，但每次远观它搞的那些恶作剧，我都会哈哈大笑。不过，杰克跟我不算熟，这次它竟然跳到了我的身上，我也不知道当时自己到底是出于害怕还是真的沉稳，竟坐在那里纹丝不动，任由它时而盯着我的脸看，时而发出呱呱的叫声。后来，它干脆从我的肩膀上跳到了我的膝盖上，检查起我的手来，好像是在数我的手指，并试图将我手上的戒指摘下来。

后来，我给了它一些饼干，它便紧紧地缠住我的大腿。之后，我们成了好朋友。我不再讨厌它了，相反，我对它产生了浓厚的兴趣，开始观察它、研究它、保护它。虽然船上有好几只猴子，可是我只偏爱杰克。

每周总有那么一两天，船上的人和动物都会到陆地上活动一下。每到那个时候，杰克就显得特别开心。它先是躲藏在一个木桶的后面，然后突然跳起来，落到一头猪的背上，并将自己的脸对准猪的尾巴，得意地骑着那头受惊的"战马"来回走动。有时候一些障碍物会阻挡"战马"前进的步伐，这时杰克就会松开自己那已经刺入猪皮里的指甲，不怀好意地将卷曲的猪尾巴捋直。假如旁边有人看到这一幕后笑出了声，它就会假装吃惊地看对方一眼，好像是在说："笑什么？有那么可笑吗？"当那些猪被关进猪圈里时，杰克会认为那是因为该轮到其他猴子骑一骑了。

除了杰克，船上还有三只猴子，它们都有着蓝脸庞、红皮肤。杰克非常喜欢它们，经常背着它们三个玩。杰克和它们挤在一起吱吱乱叫，努力守护自己的领地。有时，杰克会突然停下来望着我，我估计它也许认为自己十分温厚，想让我夸赞它一番。

然而，当那三只小猴子到我这儿来玩时，杰克会表现出强烈的嫉妒心理，为此，它还将其中两只扔进了大海里。其中有一只小狮毛猴，长得非常漂亮，性格

又很温顺，杰克看见我喂这只小猴子吃东西后，就不满地对着它大叫。后来，当这只小猴子再次出现在我的旁边时，杰克再也受不了了，它抓起那只小猴子的脖颈，猛地将它扔进了大海里。当时，船行驶得特别快，尽管我们向那只小猴子抛下了绳子，但那个可怜的小东西还是没有抓住。听着它的哀鸣，我的心中悲痛不已——它那张垂死挣扎的面孔，让人不敢直视。

因为这件事，杰克一整天都被关在空鸡笼里。那里是杰克晚上需要待的地方，但是它非常讨厌那里，每当夜幕降临时，杰克就会躲起来，以防自己被管事的抓起来。但是杰克犯了严重的错误，所以有必要囚禁它一下。

为了惩罚杰克，我将它带到船头的一个笼子前，里面装着一头美洲豹。当时，杰克紧张极了。对于杰克的到来，那只美洲豹只是将背伸直，咆哮了几声。杰克吓得闭上了眼睛，身子十分僵硬。这时我抓住它的尾巴，把它拎了起来。每过一会儿，它就会小心翼翼地睁开眼睛看看，一旦看到自己害怕的东西，哪怕只是笼子的一角，它就会立刻闭上眼睛装死。

不久，杰克又搞了一次恶作剧。有一天，我们将一只小黑猴留在了甲板上，当时杰克也在那里。人们正在忙着给船上漆，他们在船舷上挂了一条白色的大横幅，然后就将油漆桶和刷子放在甲板上，到下面吃饭去了。这时，杰克就开始引

诱那只小黑猴来到自己面前，那个小东西倒是很听话，立刻就走了过去。结果，杰克一只手拿着刷子，另一只手抓住那只可怜的小黑猴，将它全身刷了个遍。

忽然，我听见舵手哈哈大笑起来。这时，杰克已经察觉到自己被发现了，它马上丢下那只湿淋淋的小黑猴，惊慌地攀着绳索往上爬，一直爬到最高处。它待在那里，居高临下地看着下面的我们。甲板上，那只可怜的小黑猴已经舔干了自己的皮毛，这时我打电话告知了管事的。管事的赶来后，用松脂油把小黑猴的全身上下洗了一遍，才将那些油漆洗干净。

杰克因为害怕受到惩罚而不愿意下来，三天后，它实在饿得受不了了，只能爬了下来。它直奔我而来，跳到了我的大腿上，用哀求的眼神看着我，仿佛在乞求我的原谅。当然，它不仅乞求得到我的原谅，也乞求得到所有人的宽恕。

我和杰克一共做了五个月的朋友，直到在西西里岛南部和它分别，此后就再也没有见过它。后来，有人告诉我说，我走之后杰克非常伤心，整天在船上到处找我，一副失魂落魄的样子。为了找我，它还冒险去了一趟客舱。当那艘轮船离开伦敦的码头时，它也没有放弃寻找我。

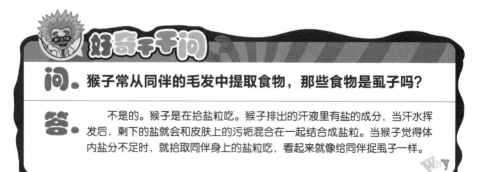

好奇千千问

问. 猴子常从同伴的毛发中提取食物，那些食物是虱子吗？

答. 不是的。猴子是在拾盐粒吃。猴子排出的汗液里有盐的成分，当汗水挥发后，剩下的盐就会和皮肤上的污垢混合在一起结合成盐粒。当猴子觉得体内盐分不足时，就拾取同伴身上的盐粒吃，看起来就像给同伴捉虱子一样。

图书在版编目（CIP）数据

世界科普大师写给孩子的趣味自然／邢涛主编；龚勋分册主编. —杭州：浙江教育出版社，2017.9

（科普大师趣味科学系列）

ISBN 978-7-5536-5463-8

Ⅰ．①世… Ⅱ．①邢…②龚… Ⅲ．①自然科学—少儿读物 Ⅳ．①N49

中国版本图书馆CIP数据核字（2017）第179937号

主　　编	邢　涛	网　　址	www.zjeph.com	
分册主编	龚　勋	印　　刷	天津丰富彩艺印刷有限公司	
设计制作	北京创世卓越文化有限公司	开　　本	700mm×950mm	1/16
责任编辑	李　剑	成品尺寸	163mm×228mm	
美术编辑	曾国兴	印　　张	9	
责任校对	赵露丹	字　　数	180 000	
责任印务	陈　沁	版　　次	2017年9月第1版	
出版发行	浙江教育出版社	印　　次	2017年9月第1次印刷	
地　　址	杭州市天目山路40号	标准书号	ISBN 978-7-5536-5463-8	
邮　　编	310013	定　　价	19.80元	

如遇质量问题请与我们联系调换，联系电话：(010) 52780229